普通高等教育新工科人才培养系列教材

资源循环科学与工程综合实验

席晓丽 马立文 等 编著 聂祚仁 主审

U0201073

化学工业出版社

·北京·

内 容 简 介

《资源循环科学与工程综合实验》结合理论教学，将资源循环科学与工程热点问题转化为实验内容。全书分 3 篇 7 章，共计 32 个实验，旨在介绍典型二次资源如废弃钴镍材料、废弃稀有金属材料和电子废弃物循环再造过程中涉及的关键技术和分析测试方法，包括物理分选技术（破碎、筛分、分选等）、湿法冶金技术（金属浸出、沉淀、溶剂萃取、水溶液电解、高温合成、离子交换、吸附等）、火法冶金技术（熔盐电解），以及材料物理化学测试（电化学测试、元素含量测试、材料性能测试技术等）。书中具体介绍废弃钴、镍、钨、锑、铝、镁等稀缺金属材料回收、提取、再制造相关实验的实验目的、实验原理、实验设备以及具体实验操作，同时还详细介绍了相关分析和测试方法、实验数据处理及安全注意事项，并设置了实验相关思考题，启发读者思考。

本书是高等学校资源循环科学与工程等专业本科生的教学用书，也可供在材料工程、环境工程、化学工程、冶金工程领域从事科研、设计、生产的工程技术人员参考。

图书在版编目（CIP）数据

资源循环科学与工程综合实验/席晓丽等编著 . —北京：化学工业出版社，2023.2

ISBN 978-7-122-42687-1

Ⅰ.①资… Ⅱ.①席… Ⅲ.①资源利用-循环使用-实验-高等学校-教材 Ⅳ.①X37

中国版本图书馆 CIP 数据核字（2022）第 258724 号

责任编辑：陶艳玲　　　　　　　　　　　　　装帧设计：张　辉
责任校对：刘曦阳

出版发行：化学工业出版社（北京市东城区青年湖南街 13 号　邮政编码 100011）
印　　刷：三河市航远印刷有限公司
装　　订：三河市宇新装订厂
787mm×1092mm　1/16　印张 12　字数 266 千字　2023 年 7 月北京第 1 版第 1 次印刷

购书咨询：010-64518888　　　　　　　　　　售后服务：010-64518899
网　　址：http://www.cip.com.cn
凡购买本书，如有缺损质量问题，本社销售中心负责调换。

定　　价：49.00 元

前　言

　　随着稀缺金属矿物资源的开采和枯竭以及废弃稀缺金属材料的不断增加，开发"城市矿山"，形成资源循环的技术体系和经济模式，已经成为世界各国可持续发展的必由之路，也是我国生态文明建设发展战略的重要内容。近十年来，我国稀有金属的产量和消费量连续翻了两番。稀有金属的生产和使用过程带来了前所未有的资源和环境问题。资源短缺和环境污染成为制约我国稀有金属工业发展的主要障碍，只有对稀有金属资源进行循环利用，才有可能从根本上解决可持续发展的问题。

　　我国力争在 2030 年前实现"碳达峰"，2060 年实现"碳中和"的目标，开启了我国经济社会低碳转型发展的新征程。作为实现"双碳"目标的重要途径，发展循环经济，推进资源循环利用，是推动我国可持续发展的重要手段。2021 年，《国家"十四五"规划和 2035 年远景目标纲要》明确提出"构建资源循环利用体系""推进能源资源梯级利用、废物循环利用和污染物集中处置"。2022 年，工业和信息化部等八部门联合印发《关于加快推动工业资源综合利用的实施方案》中提出"到 2025 年，大宗工业固废的综合利用水平显著提升，再生资源行业持续健康发展，工业资源综合利用效率明显提升"。因此，稀缺金属等关键战略矿产资源的循环利用及相关工业低碳减排，进一步成为国家生态文明建设的重要内容。

　　早在 2010 年，为了满足国家节能减排，以及低碳经济和循环经济等战略性相关新兴产业对高素质人才的迫切需求，教育部增设了资源循环科学与工程本科专业。作为新兴交叉学科专业，该专业涉及环境科学、经济学、管理学等诸多学科和专业。北京工业大学首批获得资源循环科学与工程本科专业办学资格，一直以来在教学过程中十分注重课程教学与基地实训的深度结合。

　　本书作为北京工业大学资源循环科学与工程专业本科综合实验课程指导用书，以冶金工程、环境科学、化学工程等诸多学科交叉与融合为特色，结合北京工业大学稀缺金属科学研究的优势基础，选取典型稀缺金属钴、镍、钨的二次资源，设计典型实验，串联资源循环利用过程的原理与技术，同时配套设置相关的分析和测试实验。书中实验独立性强、可操作性强，较为全面地介绍了循环资源科学与工程专业基础理论知识相关的典型稀缺金属材料资源循环实验技术，培养学生从事循环资源科学与工程基础理论研究以及实验工艺技术开发的能力。全书共分 3 篇 7 章，第

1 篇是废弃钴镍材料循环再制造，主要介绍钴镍材料分离实验、钴镍化合物的制备实验、金属离子吸附及离子交换实验，涉及沉淀法、萃取法、吸附法。第 2 篇是废弃稀有金属材料循环再造，包括钨的熔盐电化学实验及其他稀有金属还原实验。第 3 篇是电子废弃物有价元素提取与分析，介绍了电子废弃物分离及有价元素测定实验和金属粉末的性能及光催化实验。附录部分介绍实验误差与数据处理、实验室基本安全知识。

本书自北京工业大学资源循环科学与工程专业获批招生起，即以实验指导书的方式支撑本科实验教学，历经十年不断完善，最终成书。本书由席晓丽、马立文等编著，由聂祚仁院士主审。席晓丽负责整体书稿框架制定与内容统筹。席晓丽和马立文编写第 1 篇；席晓丽和张力文编写第 2 篇及附录；王维、马立文和刘阳思编写第 3 篇；宋姗姗、张青华、李铭、司冠豪、张丛健、冯明等参与了编写资料的收集、整理和对书稿进行排版等工作。感谢北京工业大学及相关兄弟院校同行的帮助和支持。

资源循环科学与工程专业作为交叉学科专业，其教材本身就相对较少，配套实验指导书更少。本书弥补了此类图书的稀缺，可作为高等学校资源循环科学与工程专业本科生的实验课教材，亦可作为材料科学与工程、冶金工程、化学工程与技术、环境科学与工程等专业本科生、研究生的实验课程辅助指导用书或者专业参考书，还可供在材料、环境、化工、冶金领域从事科研、设计、生产的工程技术人员阅读参考。

由于资源循环涉及的废料成分复杂多变，工艺技术不断发展，加之编著者学识有限，书中难免有不当之处，敬请读者批评指正。

编著者

2023 年 2 月

目　录

第1篇

废弃钴镍材料循环再制造

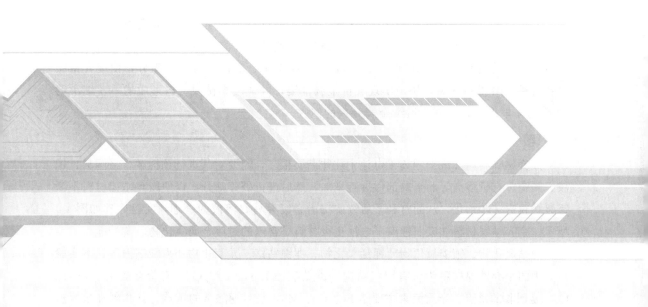

第 **1** 章

钴镍材料分离实验

1.1 废弃钴镍材料的预处理及物理分离实验

（1）实验目的

废弃钴镍材料成分复杂、组成多样，其中不仅包括金属成分，往往还包含多种有机的、非金属的部分，这些部分必须在提取金属之前进行预处理及物理分离去除；预处理主要是对物料进行拆解破碎，以减小粒径利于分选及后续酸性浸出处理。本实验的目的是对废弃钴镍材料进行预处理及物理分离，包括拆解、破碎、分选、筛分，使废弃钴镍材料各种组分得到分离，初步实现有价金属富集，并让废弃钴镍材料形成均一、细小约50目的粉末形态，以利于后续金属元素的回收。

（2）实验原理

废弃钴镍材料如废旧锂离子电池中往往杂质很多，需要对其进行预拆解，将塑料、橡胶、陶瓷、有机溶剂等非金属部件拆解剔除，然后进行破碎筛分，以使废弃钴镍材料不断富集颗粒进一步细化，从而有利于后续湿法冶金废弃材料溶液的处理，实验原理如图1-1所示。废弃钴镍材料如废旧锂离子电池正极材料是含锂的过渡金属氧化物、磷酸盐，主要包括锂钴氧化物、锂镍氧化物、锂锰氧化物、锂镍钴锰三元氧化物和磷酸铁锂等，本实验所处理的废弃钴镍材料为含有层状结构的镍钴酸锂 $LiNi_xCo_{1-x}O_2$，有价金属主要是 Ni、Co，是回收的重点，杂质元素主要是 Fe、Cu、Mn，是后期除杂的重点。该物料在报废过程中部分分解，形成了可溶性的金属氧化物，原理如式（1-1）所示。

$$LiNi_xCo_{1-x}O_2 \rightarrow Li_2O + CoO + Co_3O_4 + NiO \qquad (1-1)$$

部分分解后的废旧锂离子电池正极材料往往固结成块，且含有少量有机物及水分，需要烘干、破碎、研磨、筛分，以利于后续有价金属的提取[1]。

1）预处理

① 拆解

钴镍废料来源广泛，对于废旧电池、电子废弃物等二次资源，必须采用人工拆解的方式对其进行初步处理，将废料的不同部分进行分类集中，以便采取对应方法进行处理。具体过程依废料的不同构造制定。

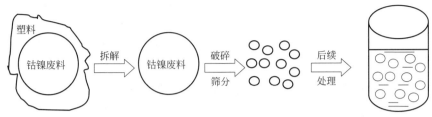

图 1-1　实验原理

② 破碎[2]

对初步拆解获得的钴镍废料进行破碎，以满足物理分选和酸性浸出的需要。破碎分为粗破、中破和细破等步骤，以保证获得粒径合格的钴镍废料粉末。少量的废料可以使用行星球磨机或研钵进行破碎磨细，大量的物料则需要用机器进行破碎。常用的破碎机械有颚式破碎机、旋回破碎机、辊式破碎机等几种。

颚式破碎机是利用两颚板对物料的挤压和弯曲作用，粗碎或中碎各种硬度物料的破碎机械。其破碎机构由固定颚板和可动颚板组成，当两颚板靠近时物料即被破碎，当两颚板离开时小于排料口的料块由底部排出。其破碎动作是间歇进行的。

旋回破碎机是利用破碎锥在壳体内锥腔中的旋回运动，对物料产生挤压、劈裂和弯曲作用，粗碎各种硬度的矿石或岩石的大型破碎机械。装有破碎锥的主轴的上端支承在横梁中部的衬套内，其下端则置于轴套的偏心孔中。轴套转动时，破碎锥绕机器中心线做偏心旋回运动。其破碎动作是连续进行的，故工作效率高于颚式破碎机。

辊式破碎机是利用辊面的摩擦力将物料咬入破碎区，使之承受挤压或劈裂而破碎的机械。当用于粗碎或需要增大破碎比时，常在辊面上做出牙齿或沟槽以增大劈裂作用。辊式破碎机通常按辊子的数量分为单辊破碎机、双辊破碎机和多辊破碎机，适于粗碎、中碎或细碎中硬以下的物料。

2）物理分选

破碎废料成分不同，需要根据其物理性质进行分类分选，常用的分选方法包括磁性分选、涡流分选、重力分选等。

① 磁性分选

磁性分选指利用各种物料的磁性差异，在磁力及其他力的作用下进行物料选别的过程。磁选机的工作过程为：物料通过电磁振动给料机均匀地给到正在转动的滚筒上部磁场区，磁性物质被吸附在滚筒表面，并随着滚筒一起转动。由于磁性颗粒与非磁性颗粒在磁场中所受磁力不同，故磁性颗粒在磁场内受磁力作用吸附在滚筒表面，带到非磁场区被卸下，非磁性和弱磁性颗粒受其所受磁力大小影响，被抛离的轨迹也不同，磁力越大抛离得越靠近滚筒。周围方向采用交变磁场，并以一定的角度和周期来摆动，物料中的磁性物质在滚筒表面做翻滚摆动后脱离磁场。圆筒式磁选机示意图如图 1-2 所示。

② 涡流分选

涡流分选是利用不同物质电导率进行分选的一种技术，其分选原理基于两个重要的物理现象：一个随时间而变的交变磁场总是伴生一个交变的电场（电磁感应定律）；载

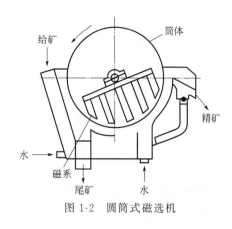

图 1-2　圆筒式磁选机

流导体产生磁场（毕奥—萨伐尔定律）。涡流分离原理如图 1-3（a）所示。涡流分选机工作时，在分选磁辊表面产生高频交变的强磁场，当有导电性的有色金属经过磁场时，会在有色金属内感应出涡流，此涡流本身会产生与原磁场方向相反的磁场，有色金属（如铜、铝等）则会因磁场的排斥力作用而沿其输送方向向前飞跃，实现与其他非金属类物质的分离，达到分选的目的。其主要区分判据是物料导电率和密度的比率值，比率值高的较之比率低的物料更易分离。涡流分选示意图如图 1-3（b）所示。

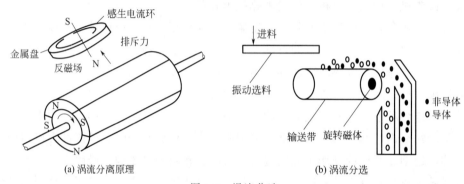

(a) 涡流分离原理　　　　(b) 涡流分选

图 1-3　涡流分选

③ 重力分选

重力分选是指利用被分选矿物颗粒间相对密度、粒度、形状的差异及其在介质（水、空气或其他相对密度较大的液体）中运动速率和方向的不同，使之彼此分离的方法。在废料分选中主要使用风力分选，又称气流分选，它是以空气为分选介质，将轻物料从重物料中分离出来的方法。按气流吹入分选设备内方向的不同，风选设备可分为两种类型——水平气流（卧式）风选和上升气流（立式）风选机。图 1-4（a）和（b）分别为水平气流分选机和上升气流风选机工作示意图。

3) 研磨

① 行星球磨机[3]

行星球磨机是在普通球磨机基础上发展变化的一种高能球磨机，分为立式和卧式两种形式。行星球磨机围绕主轴设有多个球磨筒体（一般为 4 个）。工作时各筒体不仅自转，而且围绕主轴公转。自转形成的磨内负荷运动与普通球磨机相同，公转则使负荷获得附加运动，实际负荷运动是这两个运动的叠加。因此行星球磨机的粉磨强度和效率高于普通球磨机。由于结构较复杂，同时其难以形成连续的给、排料过程，目前只有小型、分批次粉磨的设备，用于细磨和超细磨。使用前首先检查球磨机、电源、球磨罐是否完好。仔细阅读说明书，按照步骤进行空转试运行，检查变频器及球磨罐运行是否正常，然后装球磨罐。为了提高球磨效率，罐内装入大小不同的磨球，大球主要作用是砸

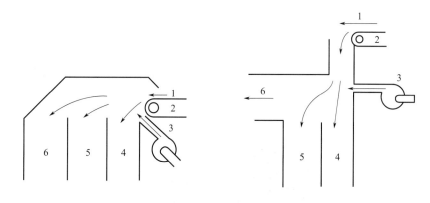

(a) 水平气流分选机

1—给料；2—给料机；3—空气；4—重颗粒；5—中等颗粒；6—轻颗粒

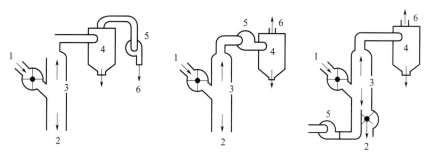

(b) 上升气流风选机

1—给料；2—排出物；3—提取物；4—旋流器；5—风机；6—空气

图1-4　重力分选

碎粗磨料，小球则是用于磨细及研磨，使磨料磨到要求的细度。对于球磨前磨料的粒度要求是松脆磨料不大于10mm，其他磨料小于3mm。装料不超过罐容积的3/4（包括磨球）。装罐完毕即可将球磨罐装入球磨机拉马套内，可同时装四个球磨罐，亦可对称安装两个，不允许只装一个或三个。安装后利用两个加力套管先拧紧V形螺栓，再拧紧锁紧螺母，以防球磨时磨罐松动。注意，螺栓螺母不允许用锤敲击。球磨罐安装完毕，罩上保护罩，安全开关被接通，球磨机才能正常运行。球磨过程如遇意外，保护罩松动或脱落，安全开关断开，球磨机立刻停转，意外排除后重新罩上保护罩，再重新启动。球磨完毕，用加力套管先松开紧锁螺母，再松开V形螺栓，即可卸下球磨罐，把试样和磨球同时导入筛子内，使球和磨料分离。再次球磨前先检查一遍拉马套有无松动，如松动，必须拧紧螺栓，以防意外。卸球磨罐时应注意，由于磨球之间、磨球与磨罐之间长期撞击，长时间罐内温度压力都很高，球磨完毕需冷却后再拆卸，以免磨粉高压喷出。对于活泼金属粉末，更应注意，不可猛然打开倒出磨料，否则容易激烈氧化燃烧，必须充分冷却，缓缓打开，如能在真空手套箱中出料效果更好。

　　② 研钵

　　质地与规格：研钵就是实验中研碎实验材料的容器，配有研杵，常用的为瓷制品，也有玻璃、玛瑙、氧化铝、铁的制品。用于研磨固体物质或进行粉末状固体的混合。其规格口径（mm）的大小为：60、70、90、100、150、200[4]。

4）筛分

筛分是利用旋转、振动、往复、摇动等将原料经过筛网选别，按物料粒度大小分成若干个等级的过程。筛分机械包括固定筛、圆筒筛、振动筛等。实验室往往使用标准试验筛进行少量物料的筛分。筛分过程通过逐级筛取筛下物而获得目标粒度的物料。标准试验筛振器及筛筐如图1-5所示。

图1-5　标准试验筛振器及筛筐

标准试验筛[5]，是按照一定标准制定的筛分分级工具。制备颗粒试样必需配置不同孔径的试验筛。而筛分的目的是将超限的颗粒分离出来，继续破碎到规定粒度，以保证在各制样阶段，使不均匀物质达到一定的分散程度，减少缩分误差。筛分粒度就是颗粒可以通过筛网的筛孔尺寸，以1英寸（25.4mm）宽度的筛网内的筛孔数表示，因而称之为"目数"。筛子筛面开孔的尺寸称为筛孔尺寸（通常用mm或um表示）。当筛孔尺寸大于或等于1毫米时，用mm表示；而当筛孔尺寸小于1毫米，则用um表示。试验筛有严格的网孔尺寸规定，试验筛是用网孔尺寸表示每个筛子的规格，筛号相当于"目"。

标准筛目数/粒度对照见表1-1。

表1-1　标准筛目数/粒度对照表

目数（mesh）	微米/μm	目数（mesh）	微米/μm
2	8000	14	1180
3	6700	16	1000
4	4750	18	880
5	4000	20	830
6	3350	24	700
7	2800	28	600
8	2360	30	550
10	1700	32	500
12	1400	35	425

续表

目数（mesh）	微米/μm	目数（mesh）	微米/μm
40	380	175	86
42	355	180	80
45	325	200	75
48	300	230	62
50	270	240	61
60	250	250	58
65	230	270	53
70	212	300	48
80	180	325	45
90	160	400	38
100	150	500	25
115	125	600	23
120	120	800	18
125	115	1000	13
130	113	1340	10
140	109	2000	6.5
150	106	5000	2.6
160	96	8000	1.6
170	90	10000	1.3

（3）实验设备

1）设备名称

a. 鼓风干燥箱；

b. 标准试验筛；

c. 研钵、瓷舟或坩埚；

d. 电子天平。

2）设备的使用方法

① 研钵

使用方法及注意事项如下。

a. 按被研磨固体的性质和产品的粗细程度选用不同质地的研钵。一般情况用瓷质或玻璃质研钵，研磨坚硬的固体时用铁质研钵，需要非常仔细地研磨较少的试样时用玛瑙或氧化铝质的研钵。注意，玛瑙研钵价格昂贵，使用时应特别小心，不能研磨硬度过大的物质，不能与氢氟酸接触。

b. 进行研磨操作时，研钵应放在不易滑动的物体上，研杵应保持垂直。大块的固体只能压碎，不能用研杵捣碎，否则会损坏研钵、研杵或将固体溅出。易爆物质只能轻轻压碎，不能研磨。研磨对皮肤有腐蚀性的物质时，应在研钵上盖上厚纸片或塑料片，然后在其中央开孔，插入研杵后再进行研磨，研钵中盛放固体的量不得超过其容积的 1/3。

c. 研钵不能进行加热，尤其是玛瑙制品，切勿放入电烘箱中干燥。

d. 洗涤研钵时，应先用水冲洗，耐酸腐蚀的研钵可用稀盐酸洗涤。研钵上附着难洗涤的物质时，可向其中加入少量食盐，研磨后再进行洗涤[4]。

② 标准试验筛

使用标准试验筛时，可以手动筛分，也可以配合标准振筛机使用。标准振筛机的使用方法：ⓐ在安装分样套筛时，应按照筛孔大小顺序选孔径大的放在上面，孔径小的放在下面，加上筛具底盘，再将物料放入最上一层的筛具内，然后再把物料的套筛放到本机的底盘上，随后旋紧顶盖手柄，以固定筛具。ⓑ插上电源插头，扭动定时开关，按所需的工作时间按下控制按钮，该机自动在指定时间内往返运动。ⓒ待定时器到达选定时间的定位，振筛机就自动停止工作。ⓓ反时针方向旋转手柄，提起上盖，并固定在立杆上，取下筛具，依次将振筛后的各号筛子内的物料进行测定。ⓔ初次工作时，如无上下振击，因电机倒转将电源线头调换一下。ⓕ自动停止或手动停止工作，如长时间不动，须拔出插头，切断电源。

（4）实验药品

a. 废旧锂离子电池等废弃钴镍材料；

b. 5%NaOH 溶液。

（5）实验要求

a. 实验前按照指导书预习，根据实验任务书要求起草实验方案。

b. 根据实验安排的时间按时进入实验室进行钴镍废料预处理与物理分离实验。

c. 实验前认真检查实验仪器和设备是否完好，发现问题及时报告指导老师解决或补充。实验严格按照规程操作，观察实验现象，做好实验记录。实验完毕后清理实验台面，得到指导老师许可后方可离开实验室。

d. 遵守实验室制度，注意安全，爱护仪器设备，节约水电原材料，保持环境清洁。

（6）实验步骤

a. 首先将废旧锂离子电池利用小电阻导通放尽余电，提前一天浸泡到 5% 的 NaOH 溶液中，浸泡 24h，中和电池中的酸性挥发物。

b. 将放电浸泡后的废电池取出来，用钳子等工具小心打开电池外壳，分离出电芯。

c. 将废旧锂离子电池电芯进行拆解，取出正极片剪成 10cm×10cm 的正方形，浸入 2mol/L NaOH 溶液进行正极活性物质与载流体铝箔的分离，反应时间 1min，载流体以铝箔片的形式保留下来，溶液过滤、干燥，得到黑色的正极活性物质。

d. 正确操作电子天平，用电子秤称取 $m=10g$ 正极活性物质钴镍废料，放入鼓风干燥箱中 60℃烘干 1h 后取出。

e. 将正极活性物质钴镍废料用研钵充分研磨，手动利用 50 目分级筛筛分收集筛下钴镍废料粉末，取筛下粉末继续用 100 目筛分，取筛下粉末继续用 150 目、200 目筛筛分，或使用分级筛震器实现自动筛分。

f. 称量筛选的不同粒度的废料粉末，记录质量，根据式（1-2）计算不同粒度废料的

质量百分数 C。

$$C = \left(\frac{m_i}{m_0}\right) \times 100\% \tag{1-2}$$

式中，C 为不同粒度废料的质量百分数；m_i 为不同粒度废料的质量，g；m_0 为初始废料的质量。

g. 将 50 目以下粉末反复筛分研磨，直至获得 5g 200 目钴镍废料待用。

（7）注意事项

a. 实验过程中注意必要的防护措施，佩戴口罩、手套，穿着实验服。

b. 拆解废旧锂离子电池之前务必将电池余电放尽，并使碱溶液进入电池内部。

c. 拆解电池过程需在通风橱中进行，小心分离并收集各部件，电池电解液如渗漏，须用碱液中和回收。

d. 将研磨废料粉末注意防止粉末飞扬，焙烧粉末后注意待瓷舟或坩埚降温至室温方可取出，取出时使用铁夹或隔热手套。

e. 对各关键产物进行照相存档。使用破碎仪、行星球磨机必须按照说明书规范操作，遇到意外情况应及时中止实验。

f. 对各步骤物料进行称重，并详细记录实验情况。

（8）思考与讨论

a. 废旧锂离子电池由哪几部分组成？

b. 如何尽可能在实验过程中减小环境污染？

c. 破碎、球磨和手工研磨的优缺点各有哪些？

d. 实验过程中存在哪些误差？

e. 如何尽可能避免误差？

f. 大批量处理废料所使用的机械破碎、筛分设备有哪些？

1.2　废弃钴镍材料的浸出实验

（1）实验目的

废弃钴镍材料经过前期的物理处理之后，需要将其中的金属元素提取出来。常规的方法就是利用酸或者碱，破坏物料结构，使废弃物中的金属元素形成离子、进入溶液。本实验的目的是对废弃钴镍材料粉末进行硫酸—双氧水体系浸出，尽可能使其中的有价金属进入溶液，获得含有有价金属的浸出液。

（2）实验原理

浸出过程是依靠加入某种适当的溶剂，使废料选择性溶解，并使需要提取的金属离子稳定存在于溶液中，因此浸出剂的选择是十分重要的。湿法冶金中针对矿物所用的浸出剂一般应具有下列性质。

a. 能选择性地迅速溶解矿物中有价成分，而对脉石及杂质元素不溶解。

b. 易于大量获得，价格低廉，而且易于再生使用。

c. 使用安全，对人体及环境无害，且对设备无明显腐蚀作用。

水是一种常用的经济且安全的浸出剂，适宜处理一些水可溶性的原料。除水之外，工业上常用的浸出剂及其应用范围见表 1-2。

表 1-2　工业上常用的浸出剂及其应用范围

浸出剂名称	浸出矿物的类型	适应范围
硫酸	铜、镍、钴、锌氧化矿	处理含酸性脉石的矿石
高铁盐[$Fe_2(SO_4)_3$],$FeCl_3$	硫化铜矿、辉锑矿	作浸出时的氧化剂
氨水	铜、镍、钴矿	处理含碱性脉石的矿石
Na_2S	Sb_2S_3,HgS 矿	处理辉锑矿，汞矿
NaCl	$PbSO_4$,$PbCl_2$	处理含铅半成品
NaCN	Au,Ag	处理金银矿石

工业上常将浸出过程分为常压浸出和高压浸出，或按所用浸出剂分为酸浸出、碱浸出、盐溶液浸出和水浸出。如按浸出反应的特点可将浸出过程分为简单的溶解反应、溶质价不发生变化的化学溶解反应及溶质价发生变化的氧化还原反应三大类。

1）简单的溶解反应

当金属元素在固相中呈可溶于水的化合物时，浸出过程主要为有价成分从固相转入溶液的简单溶解反应，可表示为

$$MeSO_4 + aq \Longrightarrow MeSO_4（溶液）$$

$$MeCl_2 + aq \Longrightarrow MeCl_2（溶液）$$

硫化铜矿物经硫酸化焙烧或氯化焙烧后的水浸，就是这类反应的实例。

2）溶质价不发生变化的化学溶解反应

这类反应又分三类情况：

a. 金属氧化物与酸作用，形成溶于水的溶液，如

$$MeO + H_2SO_4 \Longrightarrow MeSO_4 + H_2O$$

硫化锌精矿氧化焙烧后的硫酸浸出、氧化钴的盐酸浸出等都是这类反应的实例。

b. 某些难溶于水的化合物与酸作用，化合物中的阴离子转变为气相，即

$$MeS + 2H_2SO_4 \Longrightarrow MeSO_4 + H_2S$$

$$MeCO_3 + H_2SO_4 \Longrightarrow MeSO_4 + H_2O + CO_2$$

c. 难溶于水的金属化合物与第二种金属的可溶性盐发生复分解反应，形成第二种金属的更难溶的盐和第一种金属的可溶性盐，即

$$MeS（固）+ Me'SO_4 \Longrightarrow Me'S（固）+ MeSO_4$$

例如 NiS 与 $CuSO_4$ 的反应：NiS（固）+ $CuSO_4$ $\Longrightarrow$ CuS（固）+ $NiSO_4$

3）溶质价发生化学变化的氧化还原反应

这类反应可能有以下多种情况。

a. 金属的氧化靠酸中的氢离子还原而发生

$$Me + H_2SO_4 \Longrightarrow MeSO_4 + H_2$$

按照这类反应，所有负电性金属均可溶解在酸中。

b. 金属的氧化靠空气中的氧而发生

$$Me + H_2SO_4 + \frac{1}{2}O_2 = MeSO_4 + H_2O$$

正电性金属的溶解属于此类。

c. 金属的氧化靠加入氧化剂而发生，如

$$Me + Fe_2(SO_4)_3 = MeSO_4 + 2FeSO_4$$

例如钴铁合金的硫酸浸出就属于此类。

d. 与阴离子氧化有关的溶解反应

在许多情况下，金属由难溶化合物转入溶液的过程，只有通过难溶化合物中与金属相结合的阴离子被氧化才能进行，例如某些硫化矿在加压氧浸时，硫离子氧化为元素硫，或在氯化物体系中硫离子氧化为元素硫的反应。

$$MeS + H_2SO_4 + \frac{1}{2}O_2 = MeSO_4 + H_2O + S$$

$$MeS + 2Me'Cl_x = MeCl_2 + 2Me'Cl_{x-1} + S$$

e. 基于金属还原的溶解

这类溶解反应可在被提取金属能形成几种价态的离子的情况下发生。含有高价金属的难溶盐，可在金属还原成更低价时转变为可溶性化合物。例如氧化铜用亚铁盐浸出时的反应

$$3CuO + 2FeCl_2 + 3H_2O = CuCl_2 + 2CuCl + 2Fe(OH)_3$$

f. 有配合物形成的氧化还原反应

例如硫化镍用氨溶液浸出就是这类反应。

$$Ni_3S_2 + 10NH_4OH + (NH_4)_2SO_4 + 4\frac{1}{2}O_2 = 3Ni(NH_3)_4SO_4 + 11H_2O$$

在贵金属提取时，用氰化钾或氰化钠溶解金、银的过程也属于此类溶解。

$$2Au + 4NaCN + H_2O + \frac{1}{2}O_2 = 2NaAu(CN)_2 + 2NaOH$$

值得注意的是，这类反应在湿法冶金中的应用日益广泛，因为有价金属转变为配合物反应有许多优点，如能选择性浸出。由于矿物或废料中有些伴生元素不能形成配合物，从而使被提取金属在给定溶剂中的溶解度增大，产出高浓度的浸出液，以及配合物与简单离子相不易水解，而使溶液的稳定性增高等[6]。

废弃钴镍材料经过高温焙烧转变成可溶性的金属氧化物和盐，将得到的混合废料利用酸性介质进行分解，促进金属溶出反应，实验原理示意图如图1-6所示。

焙烧后的废弃钴镍材料中含有的金属元素能够在酸性溶液中形成金属离子进入溶液[如式(1-3)、式(1-4)所示]。如果在浸出溶液中加入双氧水，一方面能够作为还原剂提升Co、Ni、Cu、Mn的浸出率，另一方面则能够将浸出液中的Fe^{2+}氧化成Fe^{3+}，有利于后续的沉淀分离[如式(1-5)所示]。

$$4Me(II)_{(s)} + 6O(-II)_{(s)} + 12H^+ \longrightarrow 4Me^{2+}_{(aq)} + 6H_2O \qquad (1-3)$$

$$Me_{(s)} + 2H^+ \longrightarrow Me^{2+}_{(aq)} + H_2 \uparrow \qquad (1-4)$$

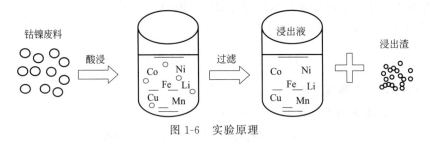

图 1-6　实验原理

$$2Fe^{2+} + 2H^+ + H_2O_2 \longrightarrow 2Fe^{3+} + H_2O \tag{1-5}$$

（3）实验设备

1）设备名称

a. 电子天平；

b. 集热式磁力搅拌水浴锅、磁子；

c. 烧杯、量筒；

d. 漏斗、滤纸、铁架台；

e. 布氏漏斗、抽滤瓶、真空泵；

f. 电热鼓风干燥箱。

2）设备简介

① 电子天平

电子天平即电磁力天平，是目前最新的一类天平，具有称量快捷、使用方法简便等特点，应用广泛。电子天平的优点是不用砝码，加入载荷后能迅速平衡，并自动显示被称物体的质量，大大缩短了称量时间。它还具有去皮（净重）称量、累加称量、计件称量和称量范围转换等功能。电子天平配有对外接口，可连接打印机、计算机、记录仪等，实现了称量、记录、计算自动化。

电子天平的使用方法如下。

a. 使用前先观察水平泡位置，如水平泡偏移，应通过调节天平左、右两个水平调节脚使气泡位于水平仪中心。

b. 接通电源，使天平预热 30min，然后轻按天平面板上的 ON 键，显示屏显示天平型号后，显示称量模式 0.0000g 或 0.000g。如果显示不正好是 0.0000g，则需轻按一下 Tare 键。

c. 打开天平门，将容器（或被称物）轻轻放在秤盘上，关好天平门。待显示数字稳定并出现质量单位"g"后，即可读数，并记录称量结果。

d. 如果需要清零、去皮重，可轻按 Tare 键，这时显示消隐，随即出现全零状态。容器质量显示值已去除，即为去皮重。在去皮重状态下可称出被称物的净质量。若在去皮重、屏幕显示全零状态时拿走称量容器，屏幕会显示容器质量的负值。

e. 称量完毕，取下被称物，清扫称盘，按一下 OFF 键（如短期内还要称量，可不拔掉电源），让天平处于待命状态。再次称量时，按一下 ON 键，即可继续使用。最后使用完毕，应拔下电源插头，盖上防尘罩[7]。

② 烧杯

烧杯是化学实验室里最常用的玻璃仪器，用硬质玻璃制成。烧杯包括普通烧杯、高型烧杯和锥形烧杯等，还有带"容积近似值"刻度的烧杯。在常温或加热条件下作为大量物质反应容器，反应物易混合均匀。此外还可用于配置溶液，当烧杯容量较大时还可代替水槽或用作简易水浴等盛水用器。常用的烧杯规格有 50mL、100mL、150mL、200mL、250mL、300mL、400mL、500mL、600mL、800mL、1000mL、2000mL 等[8]。

使用烧杯时应注意以下几点[9]。

a. 要根据不同的用途来选择合适类型及大小的烧杯。所盛反应液体不得超过烧杯容量的 2/3，以防止搅拌时液体溅出或沸腾时液体溢出。

b. 加热前要将烧杯外壁擦干，加热时烧杯底要垫石棉网，防止因受热不均匀而破裂。

c. 烧杯的底部较脆弱，搅拌时要注意搅拌棒不可用力过猛，以免损坏烧杯。

③ 量筒

量筒是量取液体的仪器，有 5mL、10mL、50mL、100mL 和 1000mL 等规格。量取液体时应左手拿量筒，并用大拇指按住所需体积的刻度处，右手拿试剂瓶（注意使标签正对手心），瓶口靠着量筒口边缘，慢慢注入液体至所指刻度处，倒完后将瓶口在量筒口靠一下，再使试剂瓶竖直，以免留在瓶口的液滴流到瓶的外壁。读数时应手拿量筒的上顶端，使其自然垂直，或放在水平台面上，视线和量筒内凹液面的最低点保持水平，偏高或偏低都会造成误差[10]。

④ 集热式数显恒温磁力搅拌水浴锅

实验室所用设备采用不锈钢结构，凡与不锈钢兼容的液体介质均可使用，具有较好的防腐蚀性能。控温精度高、数字显示、自动控温，电机转速平稳，搅拌速度不受电压波动影响，可同时加温并搅拌样品，并可单独设定每个样品的搅拌速度。

使用时应注意以下情况。

a. 当使用仪器时，首先请检查随机配件是否齐全，然后按顺序装好夹具，再往不锈钢容器中加入至少高于加热管 1cm 的导热油或硅油或水。

b. 把所需搅拌的烧杯中加入溶液，把搅拌子放在烧杯内，并放在水浴容器正中，然后打开电源，数显表亮，显示当前水温。

c. 先插上与仪器接插的电源插头，再接好电源，打开电源加热开关和调速开关，指示灯亮即开始工作。

d. 调速是由低速逐步调至高速，不允许直接高速启动，以免搅拌子不同步，引起跳动。搅拌、加热可同时或单独使用。不工作时应切断电源。

e. 观察整机面板，了解各开关及接线柱、旋钮的作用；将面板上仪表中的数码器调在需要的温度值；将传感器按颜色对应接在仪表前面或后面的两个接线柱上，不得接反，否则数码器的数字升温时会减小，并把传感器安装在能正确反映需要测温的位置。

f. 插上电源，按设定键，下视窗数字闪动，按增值键或减值键调整数字大小。本数字调整完毕，按移位键选择其他数字，只到全部为需要的温度为止。最后按设定键保存并退出,开始工作[11]。

⑤ 布氏漏斗、滤纸、抽滤瓶、真空泵

a. 布氏漏斗。布氏漏斗是中间带有多孔瓷板的白色瓷质漏斗,可用于抽滤过滤。有些沉淀的过滤速度很慢而量又比较大时,使用玻璃漏斗进行自然渗漏会占用很多时间。这时,可选用布氏漏斗和抽气泵或真空泵配合使用,可以快速完成分离工作[12]。使用时上铺圆形滤纸,滤纸的内径略小于瓷板。此漏斗通过橡皮塞与抽滤瓶配合使用。适用于晶体或沉淀等固体与大量溶液分离的实验中。

b. 抽滤瓶。抽滤瓶由厚壁玻璃制成,由支管通过橡皮管连接到水泵或真空泵上,使瓶中压力减小,加速过滤并承接滤液。根据需抽滤的沉淀量选择合适规格的布氏漏斗,根据欲抽滤滤液的量选择合适规格的抽滤瓶。操作时,先在布氏漏斗上铺好滤纸,然后将过滤物分批倾倒在漏斗上,开动水泵或真空泵,过滤物经抽滤瓶抽干,除去大量溶液,得到比较干燥的过滤物。为了防止水泵中的水或真空泵中的油倒流入抽滤瓶,应在抽滤瓶和抽气装置中间安装一个安全瓶。操作结束时必须先卸掉安全瓶与抽滤瓶之间的连接管,然后再停泵[13]。布氏漏斗与抽滤瓶的连接如图1-7所示。

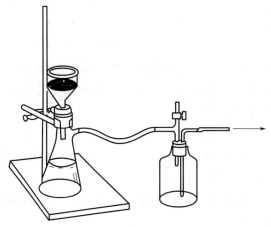

图 1-7　布氏漏斗和抽滤瓶的连接

需要注意的是:ⓐ布氏漏斗和抽滤瓶的连接处应用橡胶托塞紧,不能漏气;ⓑ布氏漏斗滤液不能加得太满;ⓒ抽滤瓶耐负压,但不能加热;ⓓ安装抽滤瓶时,漏斗颈下口离支管应尽可能远[14]。

c. SHB-Ⅲ型循环水式多用真空泵。SHB-Ⅲ型循环水式多用真空泵外观示意图如图1-8所示。

使用方法如下。

a. 准备工作。将本机平放于工作台上,首次使用时,打开水箱上盖注入清洁的凉水(亦可经由放水软管加水),当水面即将升至水箱后面的溢水嘴下高度时停止加水。重复开机可不再加水,但最长每星期更换一次水。如水质污染严重、使用率高,可缩短更换水的时间。最终目的是保持水箱中的水质清洁。

b. 抽真空作业。将需要抽真空设备的抽气套管紧密套接本机抽气嘴上,关闭循环开关,接通电源,打开电源开关,即可开始抽真空作业。可通过真空表观察真空度。

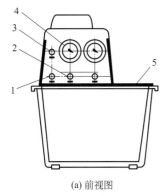
(a) 前视图
1—电源开关；2—抽气嘴；3—电源指示灯；
4—真空表；5—水箱上盖

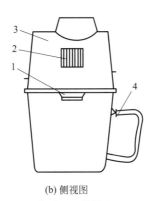
(b) 侧视图
1—扣手；2—散热窗；
3—上帽；4—放水软管

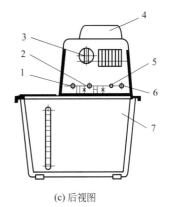
(c) 后视图
1—循环水进水嘴；2—循环水出水嘴；
3—循环水转动开关；4—电机风罩；
5—电源进线；6—保险座；7—水箱

图 1-8　SHB-Ⅲ型循环水式多用真空泵外观

c. 当本机需长时间连续作业时，水箱内的水温将会升高，影响真空度。此时，可将放水软管与水源（自来水）接通，溢水嘴用作排水出口。适当控制自来水流量，即可保持水箱内水温不升，使真空度稳定。

d. 当需要为反应装置提供冷却循环水时，在 c 步骤操作的基础上，将需要冷却装置的进水管、出水管分别接到本机后面的循环水出水嘴、进水嘴上，转动循环水旋钮至"ON"的位置，即可实现循环冷却水的供应[15]。

e. 滤纸

化学实验室中常用的滤纸包括定量分析滤纸和定性分析滤纸两种，按过滤速度和分离性能的不同，又可分为快速、中速和慢速三种。通常，定性滤纸用于化学定性分析和相应的过滤分离，定量滤纸用于化学定量分析中重量分析实验和相应的分析实验。在实验过程中，应当根据沉淀的性质和数量合理地选用滤纸。

《化学分析滤纸》（GB/T 1914—2007）对定量滤纸和定性滤纸产品的分类、型号、技术指标和测试方法等都有明确的规定。滤纸产品按质量分为 A、B、C 三等；滤纸外形可分为圆形和方形两种。常用的圆形滤纸有 ϕ7cm、ϕ9cm、ϕ11cm 等规格，滤纸盒上贴有滤速标签。方形滤纸都是定性滤纸，有 60cm×60cm、30cm×30cm 等规格[16]。

⑥ 电热鼓风干燥箱

本实验室所用的电热鼓风干燥箱，主要用于对零件表面油漆、涂层的烘干、固化及多种非挥发性易燃易爆物品的干燥烘焙、热处理、消毒、保温等。其特点是采用了电加热丝，使之工作起来更安全。

使用方法：在通电检查正常情况下，方可使用。

a. 接通电源，电源指示灯（三个）应亮，开启电源开关，仪表工作，鼓风电机运转，仪表上的红色数码管显示实际温度，将设定开关拨到设定位置。数码管显示设定温度，根据自己所需要的温度进行设定，设定好后，将开关拨回测量位置，加热器将根据仪表的控制信号对箱体进行加热。

当箱内温度比设定温度高 5℃以上时，箱体将进行超温保护，加热开关不能被开启。

当停电后，再来电时加热开关仍是关闭状态，再要使用箱体做实验，则应开启加热开关。

b. 实验完毕后，应先关加热开关，直至工作室里的温度降至室温附近（仪表上可显示），方可关闭电源，拔下电源插头，关断总的电源开关。

c. 可调节后背排气孔的调节门，对排气量进行调节，使废气能及时排出[17]。

（4）实验药品

a. 废弃钴镍粉末（实验 1.1 产物），利用电感耦合高频等离子体原子发射光谱法（ICP-AES）检测（本书所有 ICP-AES 检测不包含在实验内容中）测得钴镍废料粉末的成分，见表 1-3。

b. 30％的双氧水。

c. 2.5mol/L 的硫酸溶液。

表 1-3　废弃钴镍粉末成分

废弃钴镍材料	Ni	Co	Mn	Fe	Cu	Al	Mg	Zn
成分/％（质量分数）	0.56	4.14	2.07	10.37	3.73	6.48	4.78	0.02

（5）实验要求

a. 实验前按照指导书预习，根据实验任务书要求起草实验方案。

b. 根据实验安排的时间按时进入实验室进行钴镍废料浸出实验。

c. 实验前认真检查实验仪器和设备是否完好，发现问题及时报告指导老师解决或补充。实验严格按照规程操作，观察实验现象、做好实验记录。实验完毕后清理实验台面，得到指导老师许可后方可离开实验室。

d. 遵守实验室制度，注意安全，爱护仪器设备，节约水电原材料，保持环境清洁。

（6）实验步骤

① 正确操作电子天平，称取 200 目细小钴镍废料粉末 5g，用量筒量取 100mL 的 2.5mol/L 的硫酸溶液和 5mL 双氧水，将上述废料粉末、硫酸溶液、双氧水先后缓慢放入烧杯中。

取用试剂前，应看清标签。取用时，先打开瓶塞，将瓶塞倒置在实验台上。如果瓶塞上端不是平顶而是扁平的，可用食指和中指将瓶塞夹住（或放在清洁的表面皿上），绝不可将它横置在桌面上，以免沾污。用倾注法取液体试剂时，右手拿起试剂瓶，使标签朝上（若是双面标签时，无标签处向下），瓶口靠在容器壁上，缓缓倾出所需液体，使其沿容器内壁流下（如向量筒中倾倒液体试剂，如图 1-9 所示）。若所用容器为烧杯，则用一根玻璃棒紧靠瓶口，使液体沿玻璃棒流入容器（玻璃棒引流）。倒出所需的液体后，将试剂瓶口在玻璃棒或容器上靠一下，再将试剂瓶竖直（这样可避免瓶口的试剂流到试剂瓶外壁）。取完试剂后，及时盖好瓶塞，绝不能将瓶塞张冠李戴。最后把试剂瓶放回原处，并使试剂瓶上的标签朝外。注意保持实验台整齐干净。

从滴瓶中取液体试剂时，用拇指和食指提起滴管，取走试剂。注意滴管要保持垂直，避免倾斜，尤禁倒立，防止将试剂流入橡皮头而污染试剂。用滴管向容器中滴加试剂时，滴管绝不能伸入加液的容器中，以免接触器壁而沾污，然后在放回滴瓶时又污染瓶中的试剂，如图 1-9 所示。在大瓶的液体试剂旁边应附置专用滴管以供取少量试剂使用，如用自备滴管取用时，使用前必须洗涤干净[18,19]。

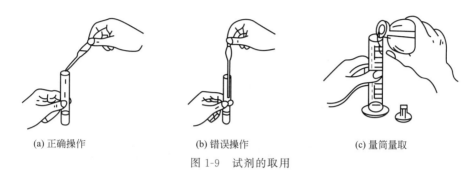

(a) 正确操作　　　　　　　　(b) 错误操作　　　　　　　　(c) 量筒量取

图 1-9　试剂的取用

② 在反应烧杯中放入磁力搅拌子，放入恒温水浴槽中，控制水槽中的温度为 85℃，开启磁力搅拌器，控制转速让烧杯中的固体与液体充分搅拌接触，浸出反应时间控制为 2h。

③ 浸出结束之后，将反应烧杯中的物料用真空抽滤机进行过滤，得到钴镍废料浸出渣（滤饼）和钴镍废料浸出溶液（滤液）。

④ 将钴镍废料浸出渣统一回收，收集钴镍废料浸出溶液，用量筒测量浸出液体积 V_0，采用电感耦合高频等离子体原子发射光谱法（ICP-AES）检测钴镍废料浸出液中金属离子的浓度 C_0，通过式(1-6)计算各金属的浸出率进行计算。

$$L = \left(\frac{C_0 V_0}{m w \%}\right) \times 100\% \tag{1-6}$$

式中，L 为金属离子浸出率；m 为钴镍废料初始质量，g；$w\%$ 为钴镍废料金属质量百分含量；C_0 为钴镍废料浸出液中的金属离子浓度，g/L；V_0 浸出液的体积，L。

⑤ 钴镍废料酸浸过程属液—固反应，如果需要研究其动力学过程，可在浸出过程中，每隔一段时间，取浸出液计算不同时间各金属的浸出率。适用动力学模型为未反应收缩核模型进行动力学计算，相关数学表达式如式(1-7)～式(1-9) 所示。利用式(1-7)～式(1-9) 对不同金属不同时间的浸出率 L 与时间 t 进行拟合，由拟合相关系数 R^2 判定属于那种控制模式，R^2 越接近 1，拟合度越好。

a. 外扩散控制　　　　　　　　$L = K_1 t$ 　　　　　　　　　　　　(1-7)

b. 内扩散控制　　　　　$1 - \dfrac{2}{3}L - (1-L)^{2/3} = K_2 t$ 　　　　　　　(1-8)

c. 界面化学反应控制　　　　$1 - (1-L)^{1/3} = K_3 t$ 　　　　　　　(1-9)

式中，L 为浸出率，%；t 为反应时间，min；K_1、K_2、K_3 为固液反应扩散速率常数。

(7) 注意事项

a. 实验过程中注意必要的防护措施，佩戴口罩、手套，穿着实验服。

b. 将废料粉末、硫酸溶液、双氧水混合时，要先放废料粉末，再缓缓加入硫酸溶液，最后加入双氧水。

c. 搅拌反应物料时要缓缓开启磁力搅拌，控制适宜转速，同时人应当稍微远离反应烧杯，以防物料飞溅。

d. 对各关键产物进行照相存档。

(8) 思考与讨论

a. 实验过程中存在哪些误差？如何尽可能避免？

b. 研究浸出过程动力学有什么意义？

c. 有哪些方法可以获得金属元素浸出液？

d. 如果浸出率不高，如何提升？

1.3 废弃钴镍材料的沉淀除杂实验

(1) 实验目的

钴镍废料浸出溶液中除了钴离子和镍离子以外，一般还含有大量的铁离子和锰离子等杂质，需要除掉以获得净化过的钴镍溶液。本实验的目的就是采用常见的化学方法对钴镍废料浸出溶液进行净化，除去其中的铁元素和锰元素。铁元素采用化学沉淀法去除，锰等杂质元素后续采用 P204 萃取去除。

(2) 实验原理

1) 沉淀除铁

将溶液中的铁离子转变为某种不溶性化合物，经过沉淀、静置，铁就以沉淀物的形式进入滤渣，从而使铁从溶液中分离出来。铁离子在水溶液中很容易水解，Fe^{2+} 水解 pH 值约为 6，而 Fe^{3+} 水解 pH 值约为 3，因此，当溶液中的铁离子全部氧化为 Fe^{3+} 后，可以调节 pH＝3 使铁以 $Fe(OH)_3$ 沉淀形式从溶液中析出［反应方程式为式(1-10)］。而在 pH＝3 的条件下，大部分金属离子还呈离子状态存在于溶液中，这就使铁能够与其他金属实现分离。

$$Fe^{3+} + 3OH^- \longrightarrow Fe(OH)_3 \downarrow \tag{1-10}$$

2) 萃取除锰

① 萃取的概念

萃取是用溶剂从混合物（液体混合物、固体混合物）中提取出所需组分的操作，如图 1-10 所示。该溶剂称为萃取剂。

② 萃取的原理

萃取是利用同一物质在两种互不相溶（或微溶）的溶剂中具有不同的溶解度或分配比不同的性质，将其从一种溶剂转移到另一种溶剂，从而达到分离或提纯目的的一种方法。它可以从固体或液体混合物中提取出所需物质，如图 1-11 所示；也可以利用萃取剂与被萃取物起化学反应，除去化合物中的少量杂质或分离混合物。

萃取过程中由于萃取剂与原溶剂不相溶，易出现分层现象；又因为所需组分（A物质）在萃取剂中溶解度大，使所需组分从原溶剂向萃取剂迁移，最终从混合物中被分

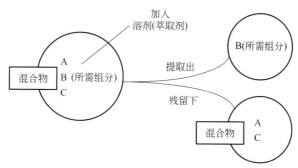

图 1-10 萃取

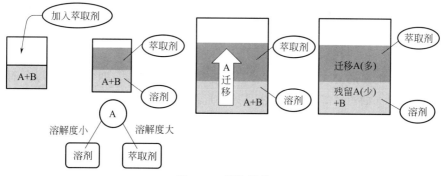

图 1-11 萃取原理

离出来[20]。

③ 常用的萃取操作

a. 用有机溶剂从水溶液中萃取反应产物。

b. 用水萃取，从反应混合物中除去酸碱催化剂或无机盐类。

c. 用稀的碱或稀的无机酸溶液萃取有机溶剂中的酸或碱，使其与其他有机化合物分离。

④ 分配定律

在萃取过程中，溶质将在两种互不相溶的溶剂间分配。其分配量取决于溶质在两种溶剂中的溶解度和所用溶剂的体积。在任一特定的温度下，溶质在两种体积相同的互不相溶的溶剂中的浓度（分配量）的比值是个常数。

$$C_A / C_B = K$$

式中，C_A、C_B 分别为每毫升溶剂 A 和 B 中所含溶质的克数；K 为分配系数。

注意：当两者体积不同时，假如要从溶剂 A 中收回溶质，则 A 的用量越大，所得到的溶质就越多。另外，还要注意该分配关系式的推论对实际萃取操作的重要性。

假设：被萃取的原溶液的体积为 $V(\text{mL})$；萃取剂溶液的体积为 $S(\text{mL})$；萃取前物质的总量为 $W_0(\text{g})$；萃取一次后物质的剩余量为 $W_1(\text{g})$；萃取二次后物质的剩余量为 $W_2(\text{g})$；n 次萃取后物质的剩余量为 $W_n(\text{g})$。

一次萃取后：$\dfrac{W_1 / V}{(W_0 - W_1) / S} = K$　　　　$W_1 = \dfrac{KV}{KV + S} W_0$

二次萃取后：$\dfrac{W_2/V}{(W_1-W_2)/S}=K$ $W_2=\dfrac{KV}{KV+S}W_1$

推出萃取 n 次后物质的剩余量 W_n：$W_n=\left(\dfrac{KV}{KV+S}\right)^n W_0$

$\dfrac{W_1/V}{(W_0-W_1)/S}=K$ $W_1=\dfrac{KV}{KV+S}W_0$ $W_n=\left(\dfrac{KV}{KV+S}\right)^n W_0$ $\dfrac{KV}{KV+S}<1$

基于上式，$KV/(KV+S)$ 总是小于 1，所以 n 越大，W_n 就越小。也就是说把溶剂分成数次进行多次萃取比用全部量的溶剂作一次萃取好，这就是通常讲的"少量多次效率高"。然而这也有个极限点，超过这一极限点即使再增加萃取次数，也不能增加相应的萃取溶质量（通常不超过 5 次）。分配系数越大，有效地分离溶质所需连续萃取的次数就越少。这一点对萃取操作是很重要的。在完成萃取要求的前提下，让萃取所用的溶剂的总体积保持在最低限度，这不仅可以避免浪费，也减少了操作和回收溶剂所需的时间。

应该注意，上面的公式适用于和水不相溶的溶剂（如苯、四氯化碳等）；而与水有少量互溶的溶剂（如乙醚等），上面公式只是近似的表达，却也可以定性地指出预期的结果[21]。

⑤ 萃取剂概述

金属溶剂萃取过程中，与金属离子反应的反应物是溶解在有机溶液中的化合物，这种化合物称为萃取剂。被萃取的金属在水溶液中，萃取剂和有机溶剂组成的溶液形成另一个相，称为有机相。萃取过程在两个液相之间进行，因此称为液液萃取。

当有机相和水相接触时，萃取剂和金属离子相互作用发生反应。萃取剂按化学性质分为四种类型：酸性萃取剂（有机磷酸、羧酸以及其他一些有机酸）；中性萃取剂；碱性萃取剂——有机胺；螯合萃取剂。

⑥ 硫酸浸出液中萃取除杂

钴、镍是一对性质相似的元素，在提取钴或镍的各种溶液中，它们往往以不同比例共存，因此溶剂萃取法在钴（镍）冶金中占有极重要的地位。除了用溶剂萃取技术分离钴与镍外，它还广泛用于从含钴（镍）的溶液中除去其他重金属杂质。

根据含钴（镍）溶液的不同性质，常见钴镍萃取体系有下列三类：

a. P204 或 P507——H_2SO_4 体系；

b. LiX 类萃取剂——氨性溶液体系；

c. 胺类萃取剂——HCl 体系。

P204 学名二（2-乙基己基磷酸），是一种烷基磷酸萃取剂，是一种透明略带黄色的黏稠液体，它的分子量为 323，无臭味，易溶于苯、石油、煤油等有机溶剂，不溶于酸性或碱性的水溶液中。P204 的分子结构如图 1-12 所示。从其结构式可以看出，P204 分子式中既有能与金属发生置换反应的氢离子，又有能与金属离子形成配位键的磷酰基 P＝O，从而能够成为螯合物型萃取剂。P204（简写为 HA）萃取

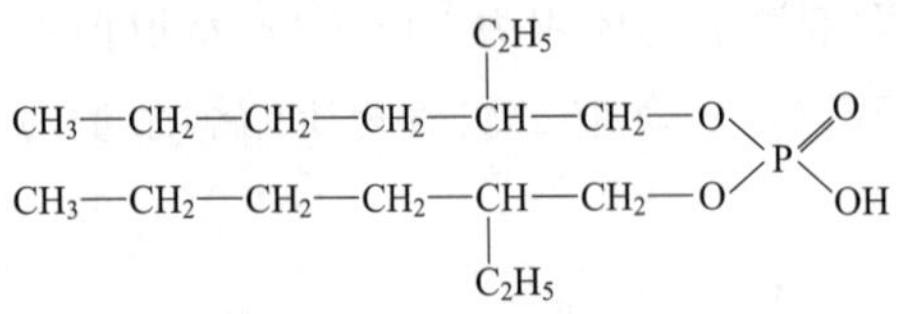

$$
\begin{array}{l}
\quad\quad\quad\quad\quad\quad C_2H_5 \\
CH_3\!-\!CH_2\!-\!CH_2\!-\!CH_2\!-\!\overset{|}{C}H\!-\!CH_2\!-\!O \\
\quad\quad\quad\quad\quad\quad\quad\quad\quad\quad\quad\quad P \\
CH_3\!-\!CH_2\!-\!CH_2\!-\!CH_2\!-\!\underset{|}{C}H\!-\!CH_2\!-\!O \quad OH \\
\quad\quad\quad\quad\quad\quad C_2H_5
\end{array}
$$

图 1-12 P204 的分子结构

过程主要为阳离子交换过程，其上面的氢离子与溶液中的金属离子进行交换[22]。随着萃取反应的进行，溶液中的氢离子浓度增加，导致溶液 pH 值变化，会影响萃取过程的进行，故一般用 P204 萃取之前需预先用碱进行皂化，以平衡萃取过程中的 pH 值。皂化和萃取的方程式如式(1-11)、式(1-12) 所示。P204 在硫酸盐中萃取各种金属的顺序为：$Fe^{3+} > Zn^{2+} > Cu^{2+} \approx Mn^{2+} > Ca^{2+} > Co^{2+} > Mg^{2+} > Ni^{2+}$。因此，铁、锌、铜、锰、钙会优先于钴镍被除去，而钴镍留在萃余液中。

$$Na^+_{aq} + HA_{org} \longrightarrow NaA_{org} + H^+_{aq} \tag{1-11}$$

$$Me^{2+}_{aq} + 2NaA_{org} \longrightarrow Me(A)_{2org} + 2Na^+_{aq} \tag{1-12}$$

(3) 实验设备

1) 设备名称

a. 分液漏斗；

b. 烧杯、量筒、玻璃棒；

c. 移液管、容量瓶；

d. 真空泵、抽滤瓶、布氏漏斗、滤纸；

e. 干燥箱、振荡器；

f. pH 计。

2) 设备简介

① 分液漏斗

分液漏斗用于分离两种互不相溶的液体，例如有机溶剂与无机溶剂的混合溶液。常用的分液漏斗有球形、梨形和筒形三种，如图 1-13 所示。分液漏斗从球形到长的梨形，其漏斗越长，振摇后两相分层所需时间越长。因此，当两相密度相近时，采用球形分液漏斗较合适。对于少量或半微量操作，则经常选用容量小的筒形分液漏斗。无论选用何种形状的分液漏斗，加入全部液体的总体积不得超过其容量的 3/4。

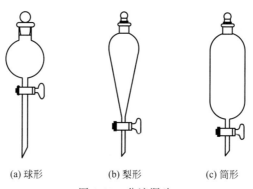

(a) 球形　　　　(b) 梨形　　　　(c) 筒形

图 1-13　分液漏斗

分液漏斗在使用时，首先要对分液漏斗检漏，以检验分液漏斗活塞和上口的玻璃磨口塞是否漏液。分液漏斗的检漏方法：向分液漏斗中注入少量清水，关闭活塞，若无水流出，将玻璃磨口塞旋转 180°，仍然没有水流出，则说明气密性良好。然后把分液漏斗放置在铁圈中，将液体和萃取用的溶剂（或洗涤液）由分液漏斗上口倒入，盖上顶塞，取出分液漏斗，将其倾斜，使漏斗上口略朝下。如图 1-14 所示右手捏住漏斗上口颈部并用食指根部压紧顶塞，以免顶塞松开，左手握住活塞，握持塞子的方式既要能防止振荡时活塞转动或脱落，又要便于灵活地转开活塞，振荡后分液漏斗保持倾斜状态，旋开活塞放出蒸汽，使内外压力平衡。振荡数次之后，将分液漏斗放在铁环上静置。当明显分层后，先打开上面的顶塞（或者使活塞的槽与外部的小孔对准），使与大气相通，把分液漏斗的下端靠在接收器的壁上，旋开下面的活塞，让液体流下，当液面间的界限接近旋塞时，关闭旋塞，静置片刻，这时下层液体往往会增多一些。再把下层液体仔细放出，然后把剩下的上层液体从上口引到另一个容器里，切不可从活塞放出，以免被残留在漏斗颈上的第一种液体所玷污[23]。

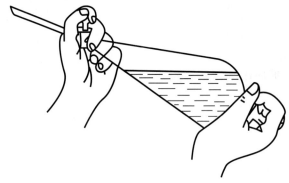

图 1-14 分液漏斗的握法

盛有液体的分液漏斗，一定要妥善放置，切不可顺手倚在什么地方或放在角落里，否则玻璃磨口塞及活塞易脱落，也容易滑落倾倒，倾洒液体，造成不应有的损失和危险。

② 容量瓶的使用

容量瓶是常用的测量所容纳液体体积的一种容量器皿，一般都是"量入"式，瓶上标有"In"（我国规定用"In"表示"量入"，用"Ex"表示量出）。

a. 容量瓶使用前的准备。容量瓶使用前同样应洗到不挂液珠，用纯水冲洗。

使用容量瓶前必须检查容量瓶是否漏水或标线位置距离瓶口是否太近，漏水或标线离瓶口太近（不便混匀溶液）的容量瓶不能使用。

检查容量瓶是否漏水的方法：将自来水加入瓶内至刻度标线，塞紧玻璃磨口塞，右手手指托住瓶底，左手食指按住塞子，其余手指拿住瓶颈标线以上部分（如图 1-15 所示），将瓶倒立 2min，观察有无渗水现象。如不漏水，再将瓶直立，转动瓶塞 180°后倒立 2min，如仍不漏水，即可使用。用橡皮筋或细绳将瓶塞系在瓶颈上。

b. 容量瓶的操作。如果是用固体物质配制标准溶液或分析试液时，先将准确称取的物质置于小烧杯中溶解后，再将溶液定量转入容量瓶中，定量转移方法如图 1-16 所示。右手拿玻璃棒，左手拿烧杯，使烧杯嘴紧靠玻璃棒，而玻璃棒则悬空伸入容量瓶口中，棒的下端靠住瓶颈内壁，慢慢倾斜烧杯，使溶液沿着玻璃棒流下，倾完溶液后，将烧杯嘴沿玻璃棒慢慢上移，使烧杯和玻璃棒之间附着的液滴流回烧杯中，再将烧杯直立，然后将玻璃棒放回烧杯中。用洗瓶吹出少量蒸馏水冲洗玻璃棒和烧杯内壁，依上法将洗出液定量转入容量瓶中，如此吹洗、定量转移 5 次以上，以确保转移完全。然后加水至容量瓶 2/3 容积处（如不先进行初步混匀，而是用水调至刻度，那么当浓溶液与水在最后摇匀混合时，会发生收缩或膨胀，弯月面不能再落在刻度上），将干的瓶塞塞好，以同一方向旋摇容量瓶，使溶液初步混匀。但此时切不可倒置容量瓶，继续加水至距离刻线 1cm 处后，等 1～2min，使附在瓶颈内壁的溶液流下，用滴管滴加水至弯月下缘与标线相切，盖上瓶塞，以左手食指压住瓶塞，其余手指拿住刻度标线上瓶颈部分，右手全部指尖托住瓶底边缘，将瓶倒置，使气泡上升到顶部，摇荡溶液，再将瓶直立，如此倒转让气泡上升到顶部、摇荡溶液……如此反复 10 余次后，将瓶直立，由于瓶塞部分的溶液未完全混匀，因此打开瓶塞使瓶塞附近溶液流下，重新塞好塞子，再倒转、摇荡 3～5 次，以使溶液全部混匀。

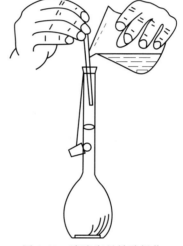

图 1-15　容量瓶检查漏水和混匀溶液操作　　　图 1-16　溶液定量转移操作

如果把浓溶液定量稀释，则用移液管吸取一定体积的浓溶液移入瓶中，按上述方法稀释至标线，摇匀。

使用容量瓶应注意下列事项。

（a）热溶液应冷却至室温后，才能注入容量瓶中，或冷至室温后才能稀释至标线，否则会造成体积误差。容量瓶不得在烘箱中烘烤，也不能用其他任何方法加热。

（b）不可将其玻璃磨口塞随便取下放在桌面上，以免沾污或搞错，可用右手的食指和中指夹住瓶塞的扁头部分。必须用两手操作，不能用手指夹住瓶塞时，可用橡皮筋或细绳将瓶塞系在瓶颈上。

（c）如需使用干燥的容量瓶，可用乙醇等有机物荡洗晾干或用电吹风的冷风吹干。

（d）如长期不用容量瓶，应将玻璃磨口塞部分擦干并用小纸片将磨口隔开[24]。

③ 移液管和吸量管的使用

移液管与吸量管都是准确移取一定量溶液的量器。移液管是一种中间有一膨大部分（称为球部）的玻璃管，球部上下均为较细窄的管颈，管颈的上端有一环形标线，膨大部分标有它的容积和标定时的温度，如图 1-17(a) 所示。在标定温度下，使溶液的弯月面下缘与移液管标线相切，让溶液按一定的方式自由流出，则流出的体积与管上标示的

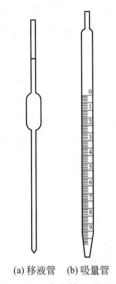

(a)移液管 (b)吸量管

图 1-17 移液管和吸量管

体积相同。

吸量管是具有分刻度的玻璃管，其全称为分度吸量管，也称刻度吸管，如图 1-17（b）所示。它一般只用于量取小体积的溶液，用吸量管移取溶液的准确度不如移液管。一种吸量管的刻度是一直刻到管口，使用这种吸量管时，必须把所有的溶液放出，体积才符合标示数值；另一种吸量管的刻度只刻到距离管口尚差 1～2cm 处，使用这种吸量管时，只需将液体放至液面落到所需刻度即可。

④ pH 计

pH 计是指用来测定溶液酸碱度值的仪器。pH 计是利用原电池的原理工作。原电池的两个电极间的电动势依据能斯特定律，既与电极的自身属性有关，还与溶液里的氢离子浓度有关。原电池的电动势和氢离子浓度之间存在对应关系，氢离子浓度的负对数即为 pH 值。pH计是一种常见的分析仪器，广泛应用在农业、环保和工业等领域。在进行操作前，应首先检查电极的完好性。实验室使用的复合电极主要有全封闭型和非封闭型两种，全封闭型比较少，主要是以国外企业生产为主。复合电极使用前首先检查玻璃球泡是否有裂痕、破碎，如果没有，用 pH 缓冲溶液进行两点标定时，定位与斜率按钮均可调节到对应的 pH 值时，一般认为可以使用，否则可按使用说明书进行电极活化处理。活化方法是在 4% 氟化氢溶液中浸 3～5s，取出用蒸馏水进行冲洗，然后在 0.1mol/L 的盐酸溶液中浸泡数小时后，用蒸馏水冲洗干净，再进行标定，即用 pH 值为 6.86（25℃）的缓冲溶液进行定位，调节好后任意选择另一种 pH 缓冲溶液进行斜率调节，如无法调节到位，则需更换电极。非封闭型复合电极，里面要加外参比溶液，即 3mol/L 氯化钾溶液，所以必须检查电极里的氯化钾溶液是否在 1/3 以上，如果不到，需添加 3mol/L 氯化钾溶液。如果氯化钾溶液超出小孔位置，则把多余的氯化钾溶液甩掉，使溶液位于小孔下面，并检查溶液中是否有气泡，如有气泡要轻弹电极，把气泡完全赶出。

在使用过程中应把电极上面的橡皮剥下，使小孔露在外面，否则在进行分析时，会产生负压，导致氯化钾溶液不能顺利通过玻璃球泡与被测溶液进行离子交换，会使测量数据不准确。测量完成后应把橡皮复原，封住小孔。电极经蒸馏水清洗后，应浸泡在 3mol/L 氯化钾溶液中，以保持电极球泡的湿润。如果电极使用前发现保护液已流失，则应在 3mol/L 氯化钾溶液中浸泡数小时，以使电极达到最好的测量状态。在实际使用时，把复合电极当作玻璃电极来处理，放在蒸馏水中长时间浸泡，这是不正确的，这会使复合电极内的氯化钾溶液浓度大大降低，导致在测量时电极反应不灵敏，最终导致测量数据不准确，因此不应把复合电极长时间浸泡在蒸馏水中。

（4）实验药品

a. 4mol/L、1.0mol/L、0.5mol/L 的 NaOH 溶液；

b. 磺化煤油；

c. P204（20％，皂化率80％）；

d. 蒸馏水；

e. 钴镍废料浸出液（实验1.2产物）。

（5）实验要求

a. 实验前按照指导书预习，根据实验任务书要求起草实验方案。

b. 根据实验安排的时间按时进入实验室进行钴镍浸出溶液的化学净化实验。

c. 实验前认真检查实验仪器和设备是否完好，发现问题及时报告指导教师解决或补充。实验严格按照规程操作，观察实验现象，做好实验记录。实验完毕后清理实验台面，经指导教师许可后方可离开实验室。

d. 遵守实验室制度，注意安全，爱护仪器设备，节约水电原材料，保持环境清洁。

（6）实验步骤

1）沉淀除铁

取钴镍废料浸出液 V_0，边搅拌边逐滴加入 4mol/L NaOH，再用 0.5mol/L NaOH 逐滴精确调节，以 pH 计或 pH 试纸检测 pH 为 3，待溶液浑浊，出现大量沉淀时，用布氏漏斗抽滤溶液，除掉 $Fe(OH)_3$ 沉淀，得到透明澄清钴镍废料除铁后液，用量筒测量除铁液体积 V_1。采用电感耦合高频等离子体原子发射光谱法（ICP-AES）检测钴镍废料浸出液除铁前后的铁离子浓度 C_0、C_1，根据式(1-13)计算除铁率。

$$P = \left(1 - \frac{C_1 V_1}{C_0 V_0}\right) \times 100\%　　　　　　(1\text{-}13)$$

式中，P 为铁沉淀率；C_0、C_1 分别为钴镍废料浸出液除铁前后的铁浓度，g/L；V_0、V_1 分别为钴镍废料浸出液除铁前后的体积，L。

2）P204的稀释

用量筒量取 5g P204 和 20g 磺化煤油放入烧杯中，用玻璃棒将其搅拌均匀。

3）P204的皂化

取 1mol/L 的 NaOH 溶液 12.5mL 与 25g 20％的 P204 混入分液漏斗中，用振荡器持续充分震荡约 1min，将分液漏斗放在铁架台上静置，待其中的混合溶液分层后，从漏斗下部放出水溶液，将上部的有机溶液从上口倒出，放在广口瓶中备用。该有机溶液即为皂化好的 P204 有机相。

4）P204萃取除锰等杂质

用 NaOH 溶液调节确保 pH 值为 3.5，取全部钴镍废料除铁液 V_2 与 10mL P204 有机相混合放入分液漏斗中，充分震荡 1min。将分液漏斗放在铁架台上静置，待其中的混合溶液分层后，从漏斗下部放出水溶液并收集，用量筒量取其体积 V_3。该溶液即是钴镍废料净化液。采用电感耦合高频等离子体原子发射光谱法（ICP-AES）检测钴镍废料浸出液除杂前后的杂质离子浓度 C_2、C_3，根据式(1-14)计算杂质的萃取率。

$$E = \left(1 - \frac{C_3 V_3}{C_2 V_2}\right) \times 100\%　　　　　　(1\text{-}14)$$

式中，E 为锰等杂质金属萃取率；C_2、C_3 分别为钴镍废料浸出液萃取前后的杂质金属浓度，g/L；V_2、V_3 分别为钴镍废料浸出液萃取前后的体积，L。

（7）注意事项

a. 实验过程中注意必要的防护措施，佩戴口罩、手套，穿着实验服。

b. 沉淀除铁时要缓慢加入 NaOH 溶液，并且匀速搅拌，直到铁充分沉淀。

c. 萃取除锰时要事先检查分液漏斗的密闭性，操作时注意充分震荡，静置液体分液后务必从下口放下层液体，从上口倾倒上层溶液。

d. 沉淀除铁完全后，务必留取检测样品并称量体积。

（8）思考与讨论

a. 实验过程中如何尽可能减小误差？

b. 沉淀除铁和萃取除锰的方法存在什么缺陷，如何改进？

c. 如果除杂不到位或者过头，该怎么调整？

d. 如果除杂率不高，如何提升？

1.4　钴镍萃取分离实验

（1）实验目的

钴镍废料浸出溶液沉淀除去铁、萃取除去锰离子之后，钴镍废料净化溶液中基本只剩下钴离子和镍离子。要想从钴镍废料中回收钴和镍，必须将溶液中的钴和镍进行分离。钴和镍的化学性质极其相近，一般的沉淀剂会使这两种金属离子共同沉淀。目前较为成熟的分离钴镍的方法是 P507 萃取法。本实验的目的就是采用 P507 分离钴镍废料净化溶液中的钴和镍，分别获得含钴和含镍的溶液。

（2）实验原理

1）萃取分离钴镍

① P507 萃取法

钴和镍具有相似的化学性质，在溶液中很难通过沉淀法进行分离。

目前工业上用于分离钴镍的酸性磷型萃取剂有 P204、P507 及 Cyanex272，后者是美国氰化物公司生产的膦酸型萃取剂。在相同条件下，即萃取剂浓度为 0.1mol/L、稀释剂为 MSB 210、水相金属浓度为 2.5×10^{-2} mol/L、pH=4、$t=25℃$、$Vo/V_A=1$ 时，比较它们对钴镍的分离系数 $\beta_{Co/Ni}$，结果见表 1-4。

表 1-4　三种萃取剂对钴镍的分离系数

萃取剂	$\beta_{Co/Ni}$
P204	14
P507	280
Cyanex272	100

目前有些工厂采用 P204 除杂－P507 萃取分离钴镍流程。特别是对于钴镍比接近，

甚至镍高钴低的溶液，用 P204 分离较困难，而用 P507 却较易实现分离[25]。

P507 为 2-乙基己基磷酸·单（2-乙基己基）酯，分子量为 306.4，是一种不挥发的无色透明油状液体，工业品一般含 P507 大于 93%，呈淡黄色，密度为 $0.95t/m^3$，有低毒性，属于有机磷酸萃取剂。P507 分子中有 POOH 基，其中的 H 可以被金属取代，萃取方程可简写为

$$n(RH)_{(O)} + Me_{(A)}^{n+} \longrightarrow R_n Me_{(O)} + nH_{(A)}^+$$

P507 对金属萃取能力大小如图 1-18 所示，由图可知 P507 对金属萃取次序为：$Fe^{3+} > Zn^{2+} > Cu^{2+} \approx Mn^{2+} \approx Ca^{2+} > Co^{2+} > Mg^{2+} > Ni^{2+}$，由此可知，通过控制萃取平衡 pH 值在较低 pH 范围内可使钴进入 P507 有机相，而镍保留在水相，实现有效分离。

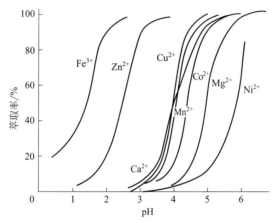

图 1-18　P507 萃取金属萃取率与平衡 pH 关系

② 钴镍溶剂萃取的其他方法

根据钴镍所处溶液的不同，钴镍溶剂萃取方法也不同。

a. 从氯化物液中用叔胺萃取分离钴镍。从氯化物溶液中用萃取法分离钴镍所用的主要是胺类萃取剂，最常用的包括叔胺和季铵盐，一般为叔胺（国外用三正辛胺或三异辛胺，国内用 N_{235}）。利用 Co^{2+} 与 Cl^- 生成的阴离子配合物比 Ni 与 Cl^- 生成的阴离子配合物的稳定性高得多的特点，萃取钴氯络阴离子，实现钴镍分离。

水相体系为钴、镍的氯化物溶液，它们均以二价形式存在。由于钴可生成氯络阴离子，而镍不生成氯络阴离子，因此胺类萃取剂分离钴镍有极高的选择性，图 1-19 所示为氯离子浓度对金属萃取率的影响。可见，一般要求溶液中氯离子质量浓度大于 200g/L，保证氯离子浓度的办法如下。

（a）添加 $CaCl_2$ 作盐析剂，此法可在较低 pH 下萃取，但萃余液中有很多钙离子，故为了得到纯镍，还需分离钙。

（b）在高盐酸浓度下萃取，但盐酸浓度太高，其本身也会萃取入有机相，与钴形成竞争，故使钴的萃取率反而下降，高酸度萃余液也需设法回收盐酸。

（c）蒸发浓缩，这时高浓度的氯化镍本身成为钴的盐析剂。

萃取反应可表示为

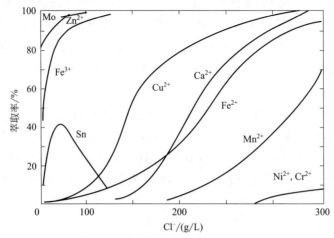

图 1-19　用胺类萃取剂（Alamine336 质量分数为 25％，十二烷醇质量分数为 15％，煤油质量分数为 60％的溶液）从 $CaCl_2$ 水溶液（含 Me^{n+} 1g/L，pH＝2）中萃取金属

$$2R_3NHCl+H_2CoCl_4 =\!=\!= (R_3NH)_2COCl_4+2HCl$$

可用自来水实现反萃取，此时萃合物解离：

$$(R_3NH)_2CoCl_4 =\!=\!= 2R_3N+CoCl_2+2HCl$$

游离出中性胺分子。

如图 1-19 所示，铁、镍等氯络离子较难反萃彻底，因此有机相经多次循环，需用 Na_2SO_4 洗涤除铁、锌，其反应如下：

$$2R_3NHFeCl_4+Na_2SO_4 =\!=\!= [R_3NH]_2SO_4+2FeCl_3+2NaCl$$

$$[R_3NH]_2ZnCl_4+Na_2SO_4 =\!=\!= [R_3NH]_2SO_4+ZnCl_2+2NaCl$$

当料液中含有铜离子时，也可将 Cu、Co 共萃入有机相，而后用分步反萃的办法获得纯 $CoCl_2$、$CuCl_2$ 溶液。

钴反萃液纯度还不够时，可用离子交换法或沉淀法进一步除去非镍杂质。

一般 $CoCl_2$ 或 $NiCl_2$ 溶液可用电解法制取金属。为了排除有机物对电解的干扰，可用活性炭对电解液进行吸附处理。

b. 从硫酸铵或碳酸铵溶液中萃取分离铜、钴、镍。由于在氨溶液中铜、镍、钴等金属均可生成氨络离子，故可在氨溶液中广泛的 pH 范围内萃取分离它们。所用的萃取剂有螯合萃取剂、P204、异构羧酸。有铜存在的情况下，一般先用螯合萃取剂提铜，再分离钴、镍。金属离子的萃取顺序一般为 Cu＞Co＞Ni，因此先在低 pH 下萃铜，随后调整 pH，再萃钴萃镍。该体系的一个重要特点是钴必须以三价形式存在，而二价钴一般不被萃取。除此之外，影响萃取率或分离系数的主要因素还有 pH，硫铵或碳铵的浓度，以及溶液中的钴浓度和钴镍比。

（3）实验设备

a. 分液漏斗；

b. 烧杯、量筒、玻璃棒；

c. 移液管、容量瓶；

d. 干燥箱；

e. pH 计。

（4）实验药品

a. 4mol/L、1.0mol/L、0.5mol/L NaOH 溶液；

b. 磺化煤油；

c. P507（25%，皂化率 80%）；

d. 蒸馏水；

e. 钴镍废料浸出净化液（实验 1.3 的产物）。

（5）实验要求

a. 实验前按照指导书预习，根据实验任务书要求起草实验方案。

b. 根据实验安排的时间按时进入实验室进行钴镍净化溶液的钴镍分离实验。

c. 实验前认真检查实验仪器和设备是否完好，发现问题及时报告指导老师解决或补充。实验严格按照规程操作，观察实验现象、做好实验记录。实验完毕后清理实验台面，得到指导老师许可后方可离开实验室。

d. 遵守实验室制度，注意安全，爱护仪器设备，节约水电原材料，保持环境清洁。

（6）实验步骤

1）P507 的稀释

用量筒量取 75g P507 和 22.5g 磺化煤油放入烧杯中，用玻璃棒将其搅拌均匀。

取 1mol/L 的 NaOH 溶液 20ml 与 30% 的 P507 混入分液漏斗中，手工持续充分震荡约 1min，将分液漏斗放在铁架台上静置，待其中的混合溶液分层后，从漏斗下部放出水溶液，将上部的有机溶液从上口倒出，放在广口瓶中备用。该有机溶液即为皂化好的 P507 有机相。

2）P507 萃取钴

用 NaOH 溶液调节钴镍废料除杂液 pH 值为 4.0，取全部所得钴镍废料净化液 V_1 与 15ml P507 有机相混合放入分液漏斗中，充分震荡 1min。将分液漏斗放在铁架台上静置，待其中的混合溶液分层后，从漏斗下部放出水溶液并收集，用量筒量得体积 V_2，从漏斗上口收集得到含钴有机相。此萃取操作要萃取到溶液为淡绿色为止，如果一次萃取实现不了，要进行多次萃取。如果进行多次萃取，取最后一次萃余液的体积为 V_2，采用电感耦合高频等离子体原子发射光谱法（ICP-AES）检测钴镍废料净化液萃取前后钴离子浓度 C_1、C_2，根据式(1-15) 计算钴的萃取率。

$$E = \left(1 - \frac{C_2 V_2}{C_1 V_1}\right) \times 100\% \tag{1-15}$$

式中，E 为钴萃取率；C_1、C_2 分别为钴镍废料净化液萃取前后的钴浓度，g/L；V_1、V_2 分别为钴镍废料浸出液萃取前后的体积，L。

（7）注意事项

a. 实验过程中注意必要的防护措施，佩戴口罩、手套，穿着实验服。

b. 萃取时要事先检查分液漏斗的密闭性，操作时注意充分震荡，静置液体分液后务必从下口放下层液体，从上口倾倒上层溶液。

（8）思考与讨论

a. 除萃取法外还有哪些分离钴镍的方法？它们与萃取法相比有哪些优势和劣势？

b. 还有哪些萃取剂可供选择？目前的实验方法还存在什么缺陷，如何改进？

c. 如何提高萃取率？

第 2 章

钴镍化合物的制备实验

2.1 水溶液电解制备金属镍实验

（1）实验目的

钴镍废料净化溶液经过萃取分离钴镍之后，钴进入有机相，镍保留在萃余液水相之中。将镍从水相中提取出来，需要对含镍水相进行电解。通过电解，最终在阴极回收获得金属镍。本实验的目的是从 P507 萃余含镍水相中电解回收金属镍。

（2）实验原理

P507 萃余含镍水相中主要含有硫酸镍。将含镍水相放在电解槽中，插入不锈钢阴极和铅板阳极，由外部电源提供电流在阴极和阳极之间形成闭合回路。当电解液中有电流通过时，在阳极上发生水的氧化，同时在阴极上发生镍离子的还原，即可在阴极获得还原金属镍。反应方程式可表示为式（2-1）～式（2-3）。

阴极反应：
$$Ni^{2+} + 2e^- =\!\!= Ni \tag{2-1}$$

副反应：
$$2H^+ + 2e^- =\!\!= H_2 \tag{2-2}$$

阳极反应：
$$2H_2O - 4e^- =\!\!= O_2 + 4H^+ \tag{2-3}$$

1）电解的基础知识

a. 电解。电流通过电解质溶液或熔融态离子化合物时引起氧化还原反应的过程叫电解。电解是一种将电能转变为化学能的过程。

进行电解的装置称为电解槽或电解池。在电解池中，与外电源正极相连的极叫阳极，发生氧化反应；与外电源负极相连的极叫阴极，发生还原反应。电解时，离子在电极上得到或失去电子的过程叫离子的放电。在电解过程中，一方面电子从电源负极沿导线流入电解池的阴极，被从溶液中移向阴极的离子获得；另一方面，一部分离子移向阳极并给出电子，这些电子从阳极沿导线流入电源正极。

b. 放电次序。通常，在阴、阳两极的放电次序主要由离子的氧化能力或还原能力决定。在阴极，氧化能力最强的离子首先放电；在阳极，还原能力最强的物质首先放电。离子或单质得失电子的能力既与有关的标准电极电势有关，也与溶液中离子浓度以及电极材料有关，特别是当放电产物为气体时，电极材料的影响更加显著。一般，电解位于金属活动顺序表中 Al 之前（包括 Al）的金属盐溶液时，阴极总是得到 H_2，而电解活泼性比 Al 差的金属的盐溶液时，阴极上一般得相应的金属。在阳极上，如果是比较浓的酸或盐溶液，电解时无氧酸根将首先失去电子（F^- 除外），其次是 OH^-；一些活泼性不太差的金属（如 Zn、Fe、Ni、Cu）做阳极时，通常是阳极被氧化。

c. 电解的应用。电解在工业上有很重要的意义，它主要应用于以下三个方面：ⓐ电化学工业。工业上采用电解饱和食盐水的方法制取烧碱；电解法制备 H_2、Cl_2、F_2 等；电解法还可制取一些无机盐（如 $KMnO_4$）和有机物。ⓑ电冶金工业。电解活泼性不太强的金属盐溶液得到相应的金属单质；电解活泼金属的熔融化合物得到相应的金属单质；工业上还常用电解的方法提纯粗金属。ⓒ电镀。应用电解原理在某些金属制品表面镀上一层其他金属或合金的过程称为电镀。电镀的主要目的是增强金属的抗腐蚀能力，增加美观和表面硬度。因此，镀层金属通常是一些在空气中或溶液中比较稳定的金属。

2）镍阴极沉积物中气孔的形成和消除措施

镍为负电性金属，又具有相应大的阴极电化学极化，在酸性溶液中，不可避免的有氢共同在阴极析出。在某种条件下，氢气泡将牢固地保持在阴极表面上，这样在沉积物表面上逐渐形成圆形凹坑，常被称为气孔，有时还在阴极板表面出现许多发亮的斑点气孔。实验过程中应尽量消除气孔，提高电解质量。

防治气孔生成的措施如下：

a. 降低电解液的黏度。

b. 减少电解溶液中的有机物。

c. 严格控制电解液 pH（pH 值范围与电解液的种类有关）。

d. 提高电解液温度（55℃以上）[26]。

3）金属离子电沉积

在电解过程中，离子的行为可概括为阳极过程、阴极过程和液相传质过程（电迁移、对流和扩散）三部分。金属的电沉积过程主要是阴极过程，也就是金属离子在阴极接受电子还原并沉积为金属的全过程。在金属的电解冶金、电解精炼、合金制备等过程中都会发生金属的阴极电沉积过程。金属电解冶炼是制备金属材料很重要的一种方法，电解精炼是把粗金属提纯为更纯的金属，金属的电解冶炼、电解精炼要求电沉积金属达到一定的纯度，对沉积物的结构、外观、力学性能及表面性质要求并不高。

金属离子在阴极的电沉积首先要满足热力学条件。金属离子在阴极电沉积的次序取决于金属离子的活度、溶液 pH 值、金属离子在溶液中存在的状态、析出金属的形态、溶剂种类和溶液成分等多种因素。金属电沉积过程中，对耗能和电沉积产品质量的影响因素很多，例如电极、电解质溶液组成、温度、电流密度、槽电压、阴极氢气的析出等[27,28]。

4）法拉第定律和电流效率

① 法拉第定律

通电于电解质溶液之后，a. 在电极上发生化学反应的物质量与通入电量成正比；

b. 若将几个相同的电解池串联，通入一定的电量后，在各个电解池的同号电极上发生反应的物质的量等同，电极上析出的物质的质量与其摩尔质量成正比[29]。

② 电流效率

实际电解时，由于电解液含杂质及电解条件控制不理想等因素的影响，电极上常发生副反应、次级反应和化学自溶解反应，所以实际消耗的电量要远大于根据法拉第定律计算出的电量，这就存在一个电流效率的问题。电流效率高可加快沉积速率，减少电耗。

5) 电沉积动力学

研究与时间有关的速率过程的理论称为动力学。在电化学中，人们习惯把发生在电极/溶液界面区的电化学反应、化学转化和液相传质过程等一系列变化的总和统称为电极过程。电化学动力学研究的核心就是电极过程动力学，主要包括有关电极过程的反应历程、反应速率及其影响因素的研究[30]。

当电极上无电流通过时，电极处于平衡状态，电极电势即为平衡电极电势；但是当有电流通过电极时，电极电势偏离平衡电极电势，这就发生了电极极化，此时的电极电势为平衡电极电势与超电势之和。超电势是电极实际电极电势与平衡电极电势偏离程度的一种度量，这种偏离一般来说是由浓差极化、电化学极化和电阻极化造成的。在相同电解槽、相同电极、相同电解质溶液和相同温度下，超电势随电流密度的增大而加大[31]。

电极的极化除与电极材料、电极表面状态、温度、压力及介质等有关外，还受通过电极的电流密度大小的影响。而电流密度的大小与电极上的反应速率紧密相关。

(3) 实验设备

1) 设备名称

a. 电解槽、直流稳压电源；

b. 烧杯、量筒、玻璃棒；

c. 不锈钢板、铅板；

d. pH 计或 pH 试纸；

e. 砂纸。

2) 设备简介

直流稳压电源是能为负载提供稳定直流电源的电子装置。直流稳压电源的供电电源大都是交流电源，当交流供电电源的电压或负载电阻变化时，稳压器的直流输出电压都会保持稳定。直流稳压电源的技术指标可以分为两大类：一类是特性指标，反映直流稳压电源的固有特性，如输入电压、输出电压、输出电流、输出电压调节范围；另一类是质量指标，反映直流稳压电源的优劣，包括稳定度、等效内阻（输出电阻）、纹波电压及温度系数等[32]。

(4) 实验药品

a. 3mol/L NaOH 水溶液、3mol/L 硫酸溶液；

b. 蒸馏水；

c. P507 含镍萃余液（实验 1.4 的产物）；

d. $NiSO_4$、硼酸。

（5）实验要求

a. 实验前按照指导书预习，根据实验任务书要求起草实验方案。

b. 按实验安排的时间按时进入实验室进行含镍萃余液电解制备金属镍实验。

c. 实验前认真检查实验仪器和设备是否完好，发现问题及时报告指导教师解决或补充。实验严格按照规程操作，观察实验现象、做好实验记录。实验完毕后清理实验台面，经指导教师许可后方可离开实验室。

d. 遵守实验室制度，注意安全，爱护仪器设备，节约水电原材料，保持环境清洁。

（6）实验步骤

a. 电解液的配制。将 P507 萃余含镍水相进行适当浓缩或者添加 $NiSO_4$ 调整至 Ni^{2+} 浓度约为 80g/L，添加硼酸 10g/L。

b. 镍电解。将电解液放入电解槽中，将不锈钢板作为阴极、铅板作为阳极分别插入溶液，控制极间距约为 2cm，通入直流电，调节电流，使电流密度 i 为 300A/m^2，记录此时的电流 I。电解结束，记录通电时间 t，根据法拉利定律式（2-4）可以计算出理论电解镍的质量 m。

$$m = \frac{MIt}{Fn} \tag{2-4}$$

式中，M 为电沉积金属的摩尔质量，镍的摩尔质量为 58.69g/mol；I 为通过的电流，A/m^2；t 为通电时间，s；F 为法拉第常数，（96485.3383±0.0083）C/mol；n 为电极反应中的电子转移数。

用实际电解镍的质量 m' 与理论电解镍质量 m 之比可以得到电流效率，见式（2-5）。

$$\eta = \frac{m'}{m} \times 100\% \tag{2-5}$$

c. 仔细观察实验现象，做好记录，固定其他参数，改变通电时间，从小到大至少取 5 个时间点，重复实验，计算电流效率，寻找规律，分析原因。

d. 固定通电时间，改变电流密度，从小到大至少取 5 个电流密度点，重复实验，计算电流效率，寻找规律，分析原因。

（7）注意事项

a. 实验过程中需要学会简单的电路连接以及电源使用操作。

b. 电源接通后注意电流电压波动，并随时调整，保持电流恒定。

c. 实验结束后收集电解贫液，倒入废液桶。

（8）思考与讨论

a. 实际电解镍的质量如何测量？

b. 电解过程为何会出现电流、电压的波动？

c. 有哪些方法可以提高电解镍的质量？

d. 有哪些措施可以提高电流效率？

2.2　钴化合物的合成实验

（1）实验目的

钴镍废料净化溶液经过萃取分离钴镍之后，钴进入有机相，镍保留在水相之中。将钴从有机相中提取出来，需要对有机相进行反萃。对反萃液进行沉淀结晶等操作，最终可以获得钴化合物。本实验的目的是从 P507 含钴有机相中将钴反萃出来，并通过沉淀结晶制备钴化合物。

（2）实验原理

1）萃取与反萃取

化学分离法通常是利用物质在两相之间的转移来进行的。

无机物萃取时，其中一个液相是水相，另一个是与水相基本上不相混溶的有机相。当两相接触时，水相中被分离的物质部分或几乎全部转移到有机相。由于这种分离过程是在两个液相之间进行的，因此称为液—液萃取，简称萃取。又由于其中一个液相是由有机溶剂构成，故也称溶剂萃取。

萃取的操作步骤一般是首先将水溶液（称为料液）与有机溶剂（或溶液）充分混合，然后利用两相的密度不同静置分相。分出的水相称为萃余液，有机相称为负载有机相，被萃入有机相中的物质称为被萃取物。

被萃取物萃入有机相后，一般需使其重新返回水相，此时可使负载有机相与反萃剂（一般为无机酸或碱的水溶液，也可以是纯水）接触，使被萃取物转入水相，这一过程相当于萃取的逆过程，故称为反萃取。反萃取后，通过分相，分出的水相称为反萃液，有机相可看作再生有机相，重新返回萃取[33]。

2）有机相

有机相一般由溶剂、稀释剂、萃取剂及改质剂组成。

① 溶剂

溶剂指萃取过程中构成连续有机相的液体。溶剂可分惰性溶剂和萃取溶剂两类。前者与被萃取物没有化学结合，后者则有。例如用四氯化碳（CCl_4）从水溶液中萃取碘分子（I_2），CCl_4 与 I_2 没有化学结合，萃取过程中只是 I_2 在 CCl_4 相与水相间的物理分配过程，所以 CCl_4 是惰性溶剂；又如用磷酸三丁酯（TBP）从硝酸溶液中萃取硝酸稀土，TBP 与 RE（NO_3）$_3$ 结合成中性配合物 RE（NO_3）$_3$·3TBP，所以 TBP 是萃取溶剂。

② 稀释剂

稀释剂指萃取剂溶于其中构成连续有机相的溶剂，如磺化煤油、重溶剂等，稀释剂虽与被萃取物不直接化合，但往往能影响萃取剂的性能。

③ 萃取剂

在许多情况下，只用有机溶剂不能达到萃取无机物的目的，必须外加萃取剂，例如苯或煤油不能萃取硝酸稀土，如果在苯或煤油中加入 HTTA 或 TBP 就能萃取，所谓萃取剂是指与被萃取物有化学结合而又能溶于有机相或形成的萃合物能溶于有机相的有机试剂，萃取剂如在室温时为液体，它就能构成连续有机相，所以也是溶剂，即上述的萃取溶剂。萃取剂在室温时也可能是固体的，那就不能称为溶剂了。固体萃取剂可溶于有机相，如 HTTA、HDz、HOx 等，也有能溶于水相的，如铜铁试剂等。

萃取剂可以分为三类：

a. 酸性萃取剂（含螯合萃取剂），如 P204、环烷酸、HTTA 等；

b. 中性萃取剂，如 TBP、P350、亚砜等；

c. 离子缔合萃取剂，如胺类、季铵盐萃取剂 N263 等。

④ 改质剂

在萃取中为了防止乳化或产生第三相而加入的有机溶剂称为改质剂（或称为改良剂及调相剂）。

3）水相

在萃取中，料液、反萃液、洗涤剂及萃余液都可称为水相。

① 料液

料液是指在串级萃取工艺中作为原料的含有待分离物质的水溶液，在湿法冶金中，料液是经浸出得到的浸出液。

② 反萃液

反萃液是指使被萃取物从负载有机相中分离出来所用的水溶液，通过这种水溶液进一步制取冶金产物。

③ 洗涤剂

洗涤剂是指洗去负载有机相中难萃组分，使易萃组分进一步纯化富集的水相溶液，这一过程称为洗涤。在洗涤过程中也可除去夹带的有机相，即在这种洗涤过程使用的溶液称为洗涤剂。

④ 萃余液

萃余液是指萃取后残余的水相，一般指多次连续萃取后出口水相，逆流或回流萃取的萃余液中含有较纯净的难萃组分。在湿法冶金中称这种出口水相为萃余液。

4）负载有机相

经过萃取作业后，得到的含有被萃取物的有机相称为负载有机相。在分馏萃取中的负载有机相是指有机相出口得到含有被萃取物的有机相。

负载有机相经反萃取后有时可直接返回使用，有时要经过处理后，才能作为新有机相使用，这种处理有机相的过程称为萃取再生或溶剂再生[34]。

5）反萃的化学反应

反萃化学反应的关键是分解萃合物，其使金属离子重新生成水溶性的化合物，而使有机相中的金属返回水相。因此，根据萃合物稳定性的不同，分解萃合物要采用不同的方法。和其他过程一样，萃取能力强的体系，反萃会比较困难。按照萃取剂不同，反萃反应可分为酸性萃取剂的反萃、金属阴配离子的反萃、金属硫配阴离子的氧化反萃、螯合萃合物的反萃等。下面以酸性萃取剂的反萃为例进行介绍。

酸性萃取剂萃取二价金属离子，特别是主族元素，反应平衡几乎完全由水相 pH 值控制。只要略为提高 H^+ 的浓度，萃合物就能被分解。因此，只要使用稀酸溶液使弱酸萃取剂质子化，就能使负荷在有机相的金属离子交换进入水相。

反应可以表示为

$$\overline{MA_2} + 2\overline{HX} \Longrightarrow 2\overline{HA} + MX_2$$

HX 是一种一元无机酸，分子式上有横线者表示在有机相中。酸能与负荷金属定量反应，不需要过量。酸的种类也无特别限制，原则上酸性强于萃取剂的酸就能够用于反萃，因此几乎所有的无机酸都可以用于反萃。反萃产生的溶液中金属的浓度极限取决于生成的盐的溶解度。

三价金属离子与萃取剂阴离子的相互作用比二价离子强得多，例如磷酸二烷基酯（P204）萃取 Fe^{3+} 生成十分稳定的萃合物，很高浓度的硫酸都不能分解有机磷酸根和铁离子之间的键，使有机磷酸根重新质子化而实现反萃。必须使用能与 Fe^{3+} 生成阴离子配合物的盐酸，或者氯化钠加硫酸才能反萃。但是脂肪酸与 Fe^{3+} 生成的萃合物就比较容易反萃，说明它们的萃合物主要是依靠电性的相互作用，而不是螯合物[35]。

综上所述，用有机试剂将待测成分从水相萃取到有机相的过程称为萃取，而用不同 pH 值的水溶液将有机相的待测成分用萃取操作方法转移到水相的过程称为反萃。反萃可简写为反应方程式（2-6）。

$$R_n Me_{(O)} + nH^+_{(A)} \longrightarrow n(RH)_{(O)} + Me^{n+}_{(A)} \tag{2-6}$$

一般采用 HCl 溶液进行反萃，可以得到氯化钴溶液。在反萃得到的氯化钴溶液中加入草酸或草酸铵溶液，即可获得草酸钴沉淀。反应方程式如式（2-7）所示。

$$Co^{2+} + C_2O_4^{2-} \longrightarrow CoC_2O_4 \downarrow \tag{2-7}$$

得到的草酸钴用热蒸馏水洗涤，洗去游离的钙、钠及少量的铁、锰、镍以及氯化铵、草酸铵、草酸等杂质。在由氯化钴溶液沉淀草酸钴的过程中，由于溶液中残留的铁、钙、锰、镍等杂质的草酸盐溶解度较低，也易于产生沉淀。为了防止它们与钴共沉，在草酸钴沉淀前，必须增加溶液的酸度，并在沉淀后控制母液的含钴量。通常以草酸作酸化剂，其加量视溶液中含钙量而定。当密度为 1.20 的氯化钴溶液中钙含量小于 0.5g/L 时，草酸溶液（密度为 1.03～1.04）加量应为 8～15L/100LCoCl$_2$，而当钙含量大于 0.5g/L 时，则为 15～24L/100LCoCl$_2$[36]。

有报道指出在富钴有机相中直接加入草酸进行反萃可直接制得草酸钴沉淀，缩短实验流程。研究表明用 P507 萃取分离钴后可以直接用草酸反萃富钴有机相制备草酸钴，并研究了温度、相比等对反萃效果的影响。通过不同草酸用量的反萃液[40℃,$\varphi(O)/\varphi(A)=$ 1：2]对 20mL 富钴有机相反萃的结果（表 2-1）和温度对反萃效果的影响（表 2-2），确定最优的反萃工艺条件为：0.03g 草酸/mL 富钴萃取剂，温度为 40℃，$\varphi(O)/\varphi(A)=$ 1：2.5。经对萃取制得的富钴有机相作反萃取实验，获得钴的反萃效率为 99.5%；沉淀的草酸钴中，钴含量为 30.8%。反萃后有机相可再生利用，反萃水相可作为配反萃剂的溶剂循环使用，减少外排污水[37]。

本实验根据上述报道设计采用盐酸反萃，再利用草酸沉淀的方式回收钴。

表 2-1　草酸用量与反萃效果

草酸用量/g	反萃效果	反萃率/%
0.5	分相慢;两相、有机相不透明;过滤后,水相不透明	92.1
0.6	分相快;两相、有机相透明;水相透明	99.2
0.7	分相快;两相、有机相透明;水相透明	99.1
0.9	分相快;两相、有机相透明;水相略显粉红色	97.6
1.0	分相快;两相、有机相透明;部分沉淀溶解	94.2

温度对反萃效果的影响见表 2-2。

表 2-2　温度与反萃效果

反萃温度/℃	反萃效果	沉淀颜色
25	分相时间长;无水相,固相包夹油相,颗粒细,不易沉淀	肉色
40	分相时间较短;三相明显,水相较多且透明,有机相透明	粉红
60	分相时间短;三相明显,水相较多且透明,有机相透明	紫红
80	分相时间短;三相明显,水相略显粉红色,部分沉淀溶解	紫红

(3) 实验设备

a. 分液漏斗、三角漏斗;

b. 烧杯、量筒、玻璃棒;

c. 移液管、容量瓶;

d. 干燥箱;

e. pH 计或 pH 试纸。

(4) 实验药品

a. 盐酸;

b. 草酸;

c. 蒸馏水;

d. 含钴 P507 有机相 (实验 1.4 的产物)。

(5) 实验要求

a. 实验前按照指导书预习,根据实验任务书要求起草实验方案。

b. 按实验安排的时间按时进入实验室进行含钴有机相的反萃与钴盐制备实验。

c. 实验前认真检查实验仪器和设备是否完好,发现问题及时报告指导老师解决或补充。实验严格按照规程操作,观察实验现象、做好实验记录。实验完毕后清理实验台面,得到指导老师许可后方可离开实验室。

d. 遵守实验室制度、注意安全、爱护仪器设备、节约水电原材料、保持环境清洁。

(6) 实验步骤

1) 酸的配制

分别配制 2mol/L 的 HCl 溶液。

2) 反萃取

分别将 20mL 2mol/L 的 HCl 与所得含钴 P507 有机相混合放入分液漏斗中,充分震荡 2min。将分液漏斗放在铁架台上静置，待其中的混合溶液分层后，从漏斗下部放出水溶液并收集，用量筒测量体积 V_2，从漏斗上口收集得到贫钴有机相。采用离子吸收法（实验 2.4）检测酸溶液反萃液的钴离子浓度 C_2，根据式（2-8）计算钴的反萃率。

$$A = \frac{C_2 V_2}{m} \times 100\%$$ （2-8）

式中，A 为钴反萃率；C_2、V_2 分别为酸溶液反萃后的和钴浓度（g/L）和体积（L）；m 为含钴 P507 有机相中的钴质量，由实验 1.4 的数据可以计算得到。

3）钴盐的制备

将钴反萃盐酸溶液置于烧杯中，放在 40℃ 的水浴锅中，不断用玻璃棒搅拌并加入适量草酸固体，观察实验现象，得到草酸钴沉淀。将草酸钴沉淀过滤、洗涤、收集、烘干，即可获得草酸钴晶体。

（7）注意事项

a. 实验过程中注意必要的防护措施，佩戴口罩、手套，穿着实验服。

b. 配制盐酸溶液时，要注意通风和操作顺序。

c. 反萃取时要事先检查分液漏斗的密闭性，操作时注意充分震荡，静置液体分液后务必从下口放下层液体，从上口倾倒上层溶液。

（8）思考与讨论

a. 影响反萃效果的因素有哪些？可以采取哪些措施加强反萃的效果？

b. 本实验操作需要注意的安全问题有哪些？

2.3　金属（钴）盐煅烧和还原实验

（1）实验目的

从 P507 含钴有机相中将钴反萃出来并制备得到草酸钴之后，为了进一步获得氧化钴和金属钴，需要锻烧草酸钴。通过高温空气氧化煅烧可以将草酸钴转变为氧化钴，将氧化物进一步在氢气气氛中煅烧可以获得金属钴。本实验的目的即通过煅烧法将废弃钴镍材料中获得的草酸钴制备成为氧化钴和金属钴。

（2）实验原理

草酸钴晶体在空气中煅烧可以与氧气发生反应生成氧化钴，反应方程式如式（2-9）如示。

$$CoC_2O_4 \xrightarrow{\triangle} CoO + CO_2 \uparrow + CO \uparrow$$ （2-9）

氧化钴在氢气气氛中煅烧可以进一步获得金属钴，如式（2-10）所示

$$CoO + H_2 \xrightarrow{\triangle} Co + H_2O$$ （2-10）

草酸钴煅烧过程的影响因素。实际锻烧过程中，产物主要以 CoO、Co_3O_4、Co_2O_3 三种形态存在，因此要控制氧化钴主成分较高，就必须提高 CoO 并降低 Co_3O_4 和

Co_2O_3 的成分。对草酸钴煅烧产物的影响：ⓐ炉内气氛和炉温的影响。当炉内为还原性或中性气氛时，草酸钴的分解产物是金属钴粉；炉内为弱氧化气氛时，分解产物为 CoO；炉内氧化气氛较强时，分解产物为 Co_3O_4 或 Co_2O_3。ⓑ炉门降温及出炉温度的影响。生产中控制出炉温度 400℃ 以下对稳定 CoO 的形成有利，但出炉温度过低又会使产出的氧化钴严重结块；生产中严格控制开炉门温度对快速降温是有利的，但降温过快又会加大对炉内坩埚及不锈钢架的损耗。ⓒ电阻炉功率及仪表控制的影响。炉子电阻丝的功率过低或过高，都会使烧出的氧化钴主成分达不到质量要求。ⓓ草酸钴的影响。含水分高、Na^+ 浓度大、过滤性能差的草酸钴烧出的氧化钴易结块，其主成分有所偏高。ⓔ煅烧过程是否有金属钴的形成。在没有人为加入还原性气氛的条件下，非真空容器中一般不会形成金属钴[38]。

（3）实验设备

1）设备名称

a. 刚玉坩埚；

b. 马弗炉；

c. 管式炉。

2）设备简介

① 刚玉坩埚

刚玉坩埚系由较纯的氧化铝经高温煅烧制成的，质坚且耐熔，耐高温，熔点为 2045℃，是一种难熔氧化物坩埚。适用于无水碳酸钠等一些弱碱性熔剂熔融样品，不适于 Na_2O_2、$NaOH$ 和酸性熔剂（$K_2S_2O_7$ 等）样品。在某些场合能代替镍坩埚、银坩埚，甚至铂坩埚熔融样品，而不会引进过多杂质。

② 马弗炉

马弗炉也称高温电阻炉，系周期作业式电炉，是实验室、工矿企业、科研等部门作元素分析测定时常用的热工装置。它可用于灼烧沉淀、高温分解试样或其他物质。马弗炉的功率一般为 2000～4000W，可加热至 1000℃，配有热电耦和调温自动控温装置。图 2-1 所示为方形高温炉。

热电耦是将两根不同的金属丝的一端焊接在一起制成的，使用时把未焊接的一端连接在毫伏计正负极上。焊接端伸入炉膛内，温度越高热电耦热电势越大，由毫伏计指针偏离零点远近表示温度的高低。

马弗炉的炉膛是由耐高温而无涨缩碎裂的氧化硅结合体制成的。炉膛内外壁间有空槽，炉丝串在空槽中，炉膛四周都有炉丝，所以通电以后，整个炉膛周围被均匀加热而产生高温。炉膛的外围包着耐火砖、耐火土、石棉板等，以减少热量的损失。外壳包上带角铁的骨架和铁皮。

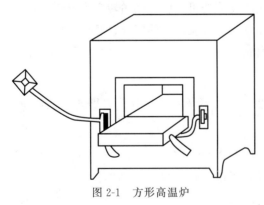

图 2-1 方形高温炉

③ 管式炉

管式炉利用电热丝或硅碳棒来加热，温度可达 1000℃以上。炉膛中插入一根耐高温的瓷管或石英管，瓷管中再放入盛有反应物的瓷舟。反应物可以在空气或其他气体氛围中受热[39]。

（4）实验药品

a. 草酸钴（实验 2.2 的产物）；

b. 氢气。

（5）实验要求

a. 实验前按照指导书预习。

b. 认真观察实验过程、记录实验现象。

c. 遵守实验室制度，注意安全，爱护仪器设备，保持环境清洁。

（6）实验步骤

1）氧化钴的制备

将获得的草酸钴晶体称重后，放入坩埚中，置于马弗炉中于空气氛围中 450℃煅烧 0.5h，即可获得氧化钴粉末。

2）金属钴的制备

将一定质量氧化钴粉末放入瓷舟中，逆气氛方向推入预先通入 H_2 的管式炉中，待 H_2 充满管路，放在 450℃中煅烧 1h，即可获得金属钴粉末，氢气流量视物料质量为 30～100mL/min。

流体在炉管内的流速越低，则边界层越厚，传热系数越小，管壁温度越高，介质在炉内的停留时间也越长。其结果是介质越容易结焦，炉管越容易损坏。但流速过高又增加管内压力降，增加了管路系统的动力消耗。设计炉子时，应在经济合理的范围内力求提高流速[40]。目前，氢还原炉有些设计有真空装置或多气氛保护回路，操作方式有各自特点和差异。

3）计算钴产物回收率

$$R = \frac{m_i}{m_0} \times 100\% \tag{2-11}$$

式中，R 为钴产物回收率；m_0、m_i 分别为煅烧前后钴质量。

（7）注意事项

a. 实验前检查管式炉的连接，熟悉炉子操作，必须在教师指导下按氢还原炉安全规程操作。

b. 实验过程要仔细观察、记录。

（8）思考与讨论

a. 煅烧过程的影响因素有哪些？

b. 气氛的流速对煅烧产物有什么影响？

c. 氢还原实验操作过程中要注意什么？

2.4　原子吸收法测定钴含量实验

（1）实验目的

从 P507 含钴有机相中将钴反萃出来，在制备草酸钴之前，得到的是氯化钴溶液。对于整个钴镍废料回收过程中溶液中金属离子的浓度测量，都可以采用电感耦合高频等离子体原子发射光谱法（ICP-AES）检测，同时测出多种金属离子浓度。如果进行单一金属离子浓度测试，如钴反萃液中的钴离子浓度，还可以采用原子吸收分光光度法进行测量。本实验的目的即学习使用原子吸收分光光度计测定溶液中的钴含量。

（2）实验原理

原子吸收分光光度法的测量对象是呈原子状态的金属元素和部分非金属元素，是由待测元素空心阴极灯发出的特征谱线通过试样经原子化产生原子蒸气时，被蒸气中待测元素的基态原子所吸收，通过测定辐射光强度减弱的程度，求出试样中待测元素的含量。原子吸收一般遵循分光光度法的吸收定律，通常通过比较标准溶液和试样溶液的吸光度，求得试样中待测元素的含量。

（3）实验设备

a. 原子吸收分光光度计 A3；

b. 容量瓶、移液管；

c. 烧杯 500mL。

（4）实验药品

a. 钴标准溶液 1000mg/L；

b. 实验 2.2 钴反萃液。

（5）实验要求

a. 实验前按照指导书预习。

b. 认真观察实验过程、记录实验现象。

c. 遵守实验室制度，注意安全，爱护仪器设备，保持环境清洁。

（6）实验步骤

1）溶液准备

将钴标准溶液依次稀释成 0.5mg/L、1mg/L、2mg/L、3mg/L，放入 100mL 容量瓶中，并且贴上标签纸。再将待测液体（实验 2.2 中钴反萃液）原液稀释 10 倍装入容量瓶待用。

2）仪器检测

开机：打开电脑及设备电源。（设备电源开启后再打开操作软件）

换灯：单击"元素灯"，根据实验测量元素换对应的元素灯 Co（工作灯电流：2.0A；预热灯电流：4.0A；光谱带宽：0.2nm；负高压：300V）。

寻峰：换灯后寻找元素特征峰 240.7nm（误差范围为 ±0.5）（注意：寻峰过程中

空气压缩机要处于关闭状态，关闭空气压缩机时快速按红色放水按钮）。

测量：

"参数"。"显示"范围为"−0.1～1"。

"信号处理"。计算方式：连续；积分时间：3s；滤波系数：0.6。

"样品"。校正方式：标准曲线；方程选第二个；浓度单位为"$\mu g/mL$"；"浓度"根据配制的 4～5 个标准样品浓度设置。

点火。点火前检查。

紧急开关状态（设备前面板右下角）。应为灭灯状态。

水封（设备后侧圆柱形）中加满水，从小孔中加水至有水从溢流管中流出。

开空气压缩机。空气压缩机压力（0.22～0.28MPa）如需调整，应拔起黑色旋钮再调节。

开气瓶并检漏。分压为 0.05～0.1MPa，主压大于 0.4MPa，当主压小于 0.5MPa 需更换乙炔气。检漏步骤：打开气瓶主压阀，保持 30min，记录主压读数，关闭主压阀，读数 3min 不下降半格，说明气路正常。

检可燃监测器（设备后小黑孔）。用卫生纸沾酒精伸入小孔中，监测器报警说明监测器正常。

"火焰"点火，气体流量根据资料选择。

"能量"。把取样管放入纯水中，单击"自动平衡"，稍等片刻当平衡值达到 100% 时进行下一步操作。

"测量"。吸空白，单击"校零"；单击"开始"，依次换测试样品，待吸收稳定，单击"开始"，记录数据。

保存数据。单击保存，会生成软件格式文件。单击"文件"-"输出"可生成 Word、Excel 等格式文件。

测量下一个元素，跳至第 2 步：换灯。

关机过程：

直接关闭气体主压阀，使设备自动灭火。保证设备及气路中无可燃气体。

空气压缩机持续运转一段时间，吸一杯水，保证设备中不含酸碱溶液。关闭空压机：按关闭按钮后，快速按住放水按钮，待压力排空后松开。

关闭软件及设备电源。

3）数据处理

原子吸收分光光度计自动进行数据拟合，求取三次测量平均值，输出结果。拿到结果后，根据溶液浓度的稀释倍数还原成待测液的浓度，即完成溶液浓度测试。

（7）注意事项

a. 实验前阅读设备操作说明书，在教师指导下操作。

b. 实验过程要仔细观察、记录，测量结果超出最大标准液浓度需进一步稀释后再测量。

（8）思考与讨论

a. 原子吸收分光光度计测元素的优势是什么？

b. 还有什么方法可以测定溶液中的元素浓度？

c. 检测过程要注意什么？如何提高效率和准确性？

附：TAS 系列原子吸收分光光度计分析参数——钴（Co）

1. 分析参数

波长/nm	光谱带宽/nm	灯电流/mA	滤波系数	积分时间/s	燃烧器高度/mm
240.7	0.2	4.0	0.6	3	5

火焰类型	Air(MPa)	C_2H_2(MPa,mL/min)	N_2O(MPa,mL/min)
空气-C_2H_2贫燃焰	0.22	0.05,1300	

2. 标准曲线

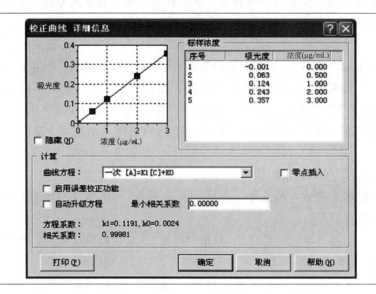

3. 测试数据

线性相关系数	特征浓度/$\mu g \cdot mL^{-1}$	检出限/$\mu g \cdot mL^{-1}$	相对标准偏差/%
0.9998	0.035	0.0071	0.58

4. 注意事项

硅严重干扰测定,经高氯酸或硫酸处理(冒烟)后,则不干扰;磷酸对测定有影响;当 Ni 的含量超过 $1500\mu g/mL$ 时会严重抑制钴信号,此时应稀释样品溶液或使用笑气-乙炔火焰测定。当测量含量较高时,可将 352.7nm 作为分析线

当测量含量较高时,可将 352.7nm 作为分析线。石墨炉法测试时可选用硝酸镁作为基体改进剂,最高灰化温度为 1400℃

第 **3** 章

金属离子吸附及离子交换实验

3.1 废水的离子交换处理实验

（1）实验目的

在废弃钴镍材料再生利用的过程中，除了得到主流程需要的产物，还会产生一定量废水，例如萃取过程中得到的皂化余液、洗涤液，电解过程中的电解贫液，这些液体主要是酸性含金属杂质的溶液。这些液体如果不进行处理就直接排放会污染环境。一般采用碱中和沉淀法去除铁、锰、铜、锌等杂质，对于杂质多、含量低的废液，可以用离子交换法进行深度净化。本实验的目的即利用离子交换剂对钴镍废料回收利用过程中的废水进行净化，使之符合排放标准。

（2）实验原理[41]

离子交换树脂是一种合成的离子交换剂，交换剂本体由高分子化合物和交联剂组成，交联剂的作用是使高分子化合物组成带网状的固体。交换剂的交换基团是依附在交换剂本体上的原子团，当溶于水时，可以释去正电荷或负电荷，以便与水中的杂质离子反应产生作用。水处理用离子交换树脂有强酸性阳离子树脂、弱酸性阳离子树脂、强碱性阴离子树脂、弱碱性阴离子树脂。用酸性金属溶液净化水需要强酸性阳离子树脂和强碱性阴离子树脂。强酸性阳离子树脂含有大量的强酸性基团，如磺酸基-SO_3H、苯乙烯和二乙烯苯的高聚物经磺化处理得到强酸性阳离子交换树脂，其结构式可简单表示为 R-SO_3H，其中 R 代表树脂母体，在溶液中离解出 H^+，故呈强酸性。树脂离解后，本体所含的负电基团，如-SO_3^-，能吸附结合溶液中的其他阳离子。这个反应使树脂中的 H^+ 与溶液中的阳离子互相交换。强酸性树脂的离解能力很强，在酸性或碱性溶液中均能离解和产生离子交换作用。以 Ca^{2+} 为例的反应式为：$2R\text{-}SO_3H + Ca^{2+} \longrightarrow (R\text{-}SO_3)_2Ca + 2H^+$。阳离子树脂在使用一段时间后，树脂与金属离子结合接近饱和，要进行再生处理，即与酸反应，使上面的离子交换反应按相反方向进行，使树脂的官能基团恢复原来的状态，此时树脂释放出被吸附的金属阳离子，再与 H^+ 结合而恢复原来的组成。

强碱性阴离子树脂含有强碱性基团，如季氨基[-$N(CH_3)_3OH$]，能在水中离解出

OH⁻而呈强碱性。这种树脂的正电基团能与溶液中的阴离子吸附结合，从而产生阴离子交换作用。以 Cl⁻ 为例的反应式为：$R\text{-}N(CH_3)_3OH + Cl^- \longrightarrow R\text{-}N(CH_3)_3Cl + OH^-$。这种树脂的离解性很强，在不同 pH 下都能正常工作。当树脂使用一段时间接近饱和时，用强碱进行再生，是阴离子吸附反应的逆反应。

采用强酸树脂和强碱树脂把废水中的成盐离子（阳、阴离子）除掉，这种方法称为水的化学除盐处理。原水通过装有阳离子交换树脂的交换器时，水中的阳离子如 Ca^{2+}、Mg^{2+}、K^+、Na^+ 等便与树脂中的可交换离子（H^+）交换；接着通过装有阴离子交换树脂的交换器时，水中的阴离子 Cl^-、SO_4^{2-}、HCO_3^- 等与树脂中的可交换离子（OH^-）交换。基本反应如下：

$$RH^+ + 1/2Mg^{2+} \begin{Bmatrix} 1/2Ca^{2+} \\ \\ \\ Na^+ \\ \\ K^+ \end{Bmatrix} \begin{Bmatrix} 1/2SO_4^{2-} \\ Cl^- \\ HCO_3^- \\ \\ HSiO_3^- \end{Bmatrix} = R \begin{Bmatrix} 1/2Ca^{2+} \\ 1/2Mg^{2+} \\ Na^+ \\ \\ K^+ \end{Bmatrix} + H^+ \begin{Bmatrix} 1/2SO_4^{2-} \\ Cl^- \\ HCO_3^- \\ \\ HSiO_3^- \end{Bmatrix}$$

$$ROH^- + H^+ \begin{Bmatrix} 1/2SO_4^{2-} \\ Cl^- \\ HCO_3^- \\ HSiO_3^- \end{Bmatrix} = R \begin{Bmatrix} 1/2SO_4^{2-} \\ Cl^- \\ HCO_3^- \\ HSiO_3^- \end{Bmatrix} + H_2O$$

经过上述阳、阴离子交换器处理的水，水中的盐分被除去。树脂使用失效后要进行再生即把树脂上吸附的阳、阴离子置换出来，代之以新的可交换离子。阳离子交换树脂用 HCl 或 H_2SO_4 再生，阴离子交换树脂用 NaOH 再生。基本反应式如下：

$$R_2Ca + 2HCl \longrightarrow 2RH + CaCl_2$$
$$R_2Mg + 2HCl \longrightarrow 2RH + MgCl_2$$
$$RCl + NaOH \longrightarrow ROH + NaCl$$

（3）实验设备

1）设备名称

a. 离子交换树脂装置，如图 3-1 所示；

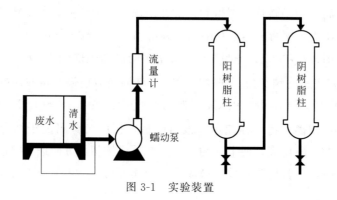

图 3-1　实验装置

b. 蠕动泵；

c. 电导率仪；

d. 秒表、直尺、烧杯、量筒。

2) 设备简介

① 蠕动泵

蠕动泵由三部分组成：驱动器，泵头和软管，是一种可控制流速的液体输送装置。其工作原理是由蠕动泵驱动器提供动力，驱动泵头运转，依靠泵头内的数个辊子沿着一个弹性软管交替挤压、释放产生的泵送效能来工作。管子内受到挤压的流体产生流量输出、压力消失后管子依靠自身弹性恢复原状时，容积增大，产生真空，吸入流体。蠕动泵具有以下优点：ⓐ流体只接触泵管，不接触泵体，无污染；ⓑ重复精度，稳定性精度高；ⓒ剪切力差，是输送剪切敏感、侵蚀性强流体的理想工具；ⓓ密封性好，具有良好的自吸能力，可空转，可防止回流；ⓔ维护简单，无阀门和密封件；ⓕ具有双向同等流量输送能力；ⓖ无液体空运转情况下不会对泵的任何部件造成损害；ⓗ能产生达 98% 的真空度；ⓘ能输送固、液体或气液混合相流体，允许流体内所含固体直径达到管状元件内径的 40%；ⓙ可输送各种具有研磨、腐蚀、氧敏感特性的物料及各种食品等。

以 BT100-1F 型蠕动泵为例，流量工作方式操作流程：首先要确定液体的流量范围。开机完成初始化后，显示运行界面。转动旋钮，出现"系统设置""工作方式""分配设置""校正功能"。光标放在"工作方式"界面按动旋钮，出现"流量方式""分配方式"，选择所需要的工作方式，然后按返回键（旋钮下方的四个方块按键中的第一个）回到运行界面。转动旋钮调节所需要的流量，然后按启停键开始试验。若流量超差则按旋钮进入"校正功能"，选中"流量校正"，设置好"测试时间"按启停键进行校正，输入"实测液量"后可以重复校正，直至达到要求。按返回键回到工作界面开始进入流量工作。分配工作方式操作流程：首先要确定分配的液量。按动旋钮进入"系统设置"界面，根据需要设置"回吸时间"。进入"工作方式"菜单选中"分配方式"。进入"分配设置"界面设置分配参数。返回到"分配工作"界面开始分配工作。四个按键分别是返回键、方向键、全速键、启停键。

② 电导率仪

电导率仪是用于精密测量各种液体介质电导率的仪器设备。电导率是以数字表示溶液传导电流的能力。水的电导率与其所含无机酸、碱、盐的量有一定的关系，当它们的浓度较低时，电导率随着浓度的增大而增加，因此，该指标常用于推测水中离子的总浓度或含盐量。水溶液的电导率直接和溶解固体量浓度成正比，而且固体量浓度越高，电导率越大。

以 DDS-11D 型电导率仪为例，其使用方法如下。

a. 仪器外露各器件及各调节器功能（如图 3-2 所示）。

b. 电极的使用。按被测介质电阻率（电导率）的高低，选用不同常数的电极。

c. 调节"温度"旋钮。用温度计测出被测介质温度后，把"温度"旋钮置于相应介质温度的刻度上。注：若把旋钮置于 25℃ 线上，仪器就不能进行温度补偿（无温度补偿方式）。

d. 调节"常数"旋钮即把旋钮置于与使用电极的常数相一致的位置上。ⓐ对 DJS-

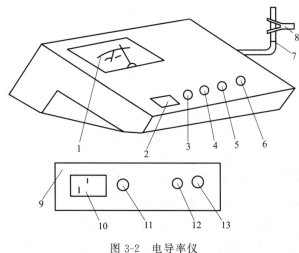

图 3-2　电导率仪

1—表头；2—电源开关；3—温度补偿调节器；4—常数补偿调节器；5—校正调节器；6—量程开关；

7—电极支架；8—电极夹；9—后面板；10—电源插座；11—保险丝座；12—输出插口；13—电极插座

1C 型电极，若常数为 0.95，则调在 0.95 位置上。ⓑ对 DJS-10C 型电极，若常数为 9.5，则调在 0.95 位置上。ⓒ对 DJS-0.1C 型电极，若常数为 0.095，则调在 0.95 位置上。ⓓ对 DJS-0.01C 型电极，若常数为 0.0095，则调在 0.95 位置上。

e. 把"量程"开关扳在"检查"位置，调节"校正"使电表指示满度。

f. 把"量程"开关置于所需的测量挡。如预先不知被测介质电导率的大小，应先把其扳在最大电导率挡，然后逐挡下降，以防表针打坏。

g. 把电极插头插入插座，使插头之凹槽对准插座之凸槽，然后用食指按一下插头之顶部，即可插入（拔出时捏住插头之下部，往上一拔即可）。然后把电极浸入介质。

h. "量程"开关置于黑点挡，读表面上行刻度（0～1）；置于红点挡，读表面下行的刻度（0～3）。

（4）实验药品

a. 0.05mol/L 氯化钠溶液（用作废水模拟液）、1mol/L 盐酸、1mol/L 氢氧化钠；

b. pH 试纸；

c. 酸性树脂、碱性树脂。

（5）实验要求

a. 实验前按照指导书预习。

b. 认真观察实验过程、记录实验现象。

c. 遵守实验室制度，注意安全，爱护仪器设备，保持环境清洁。

（6）实验步骤

1）树脂预处理

强酸性阳离子交换树脂和强碱性阴离子树脂分别用 70～80℃ 和 50～60℃ 热水浸洗 7～8 次，浸洗至浸出水不带褐色，然后用 1mol/L 盐酸和 1mol/L NaOH 轮流浸洗阳离子交换树脂，即按酸—碱—酸—碱—酸顺序浸洗 5 次（阴离子树脂与之相反），每次 2h，浸泡体积为树脂体积的 2～3 倍。酸碱互换时应用水进行洗涤，5 次浸泡结束后用去离子水洗涤至溶液呈中性。目前商用树脂预处理过程有所简化，具体参考相应的预处理步骤。

2）树脂装柱

将阳离子树脂和阴离子树脂分别装入离子交换柱中。测定原水样电导率，测量交换柱内径及树脂层高度，记录实验数据于表 3-1。

表 3-1　原废水电导率及实验装置的有关数据

废水电导率 $K_0/(\mu S/cm)$	原水 pH	交换柱内径/cm	阳离子树脂层高度/cm	阳离子树脂层高度/cm

3）离子交换

静态实验：用废水加满阴阳离子交换柱，分别测量 0min、5min、10min、15min 出水的电导率和 pH 值。记录实验数据于表 3-2。

表 3-2　静态实验记录

运行时间/min	出水电导率 $K_1/(\mu S/cm)$	出水 pH_1

动态实验：水样按照一定的流速通过串联的阴阳离子交换柱。通过流量计调节流量，在不同的流速下试验。每个流速均每隔 5min 测一次出水的电导率，至少测 4 次，实验数据记录于表 3-3。

表 3-3　动态实验记录

运行流速/(m/h)	运行流量/(L/h)	运行时间/min	出水电导率 $K_1/(\mu S/cm)$	出水 pH

以（K_0-K_1）为纵坐标，时间 t 为横坐标，绘制并分析不同处理时间和出水电导率、pH 值变化曲线，确定达到出水水质要求的废水处理量。

4）反洗

冲洗水采用自来水，反洗时间为 15min，反洗结束后将水放到水面高于树脂表面 10cm 左右，反洗的目的一是松动树脂层，使后续再生液能均匀渗入层中，与交换剂颗粒充分接触；二是把过滤过程中产生的破碎粒子和截流污物冲走。

5）再生

强酸性阳离子树脂用 1mol/L 盐酸，强碱性阴离子树脂用 1mol/L 氢氧化钠溶液再生。

6）清洗

清洗的目的是洗涤残留的再生液和再生时可能出现的反应物。

清洗完毕结束实验，交换柱内的树脂应浸泡在水中。

（7）注意事项

a. 实验前弄清楚离子交换柱管路连接，明确阀门控制方法。

b. 实验过程要仔细观察、记录。

（8）思考与讨论

a. 离子交换树脂有哪些种类和特性？

b. 静态实验和动态实验的区别是什么？各自有什么优势？

c. 如何进一步优化和改善本实验，提高废水处理质量？

3.2　离子液体回收贵金属实验

（1）实验目的

某些废弃材料来自电子元器件，其中还含有金银铂钯等贵金属，在酸浸的过程中，贵金属不溶于酸而富集在酸浸渣中。对酸浸渣进一步浸出可以获得贵金属溶液。本实验的目的是用离子液体作为溶剂和支持电解质来进行贵金属钯的电沉积。通过本实验了解离子液体的概念、结构特点、性能、与其他电解体系的区别及其在金属电沉积领域的应用，掌握电化学研究的基本分析方法——循环伏安法，掌握离子液体电沉积贵金属的操作步骤。

（2）实验原理

1）离子液体简介

本实验所采用电解液为模拟体系，成分为金属氯化物和离子液体，其中金属氯化物为电解质，离子液体充当溶剂，起到支持电解质的作用，在电解过程中本身不参与反应。

离子液体（ionic liquids）又称为室温离子液体（room temperature ionic liquid）、室温融盐（room temperature molten salts）、有机离子液体等，其熔点低于 100℃，是一种由体积相对较大、不对称的有机阳离子和体积相对较小的无机或有机阴离子相互结合而成，在室温或低温下呈液态的盐类化合物，有机阳离子通常含有一个杂环氮原子[42]。离子液体中巨大的阳离子与相对简单的阴离子具有高度不对称性，造成空间位阻，使阴、阳离子微观上难以紧密堆积，从而阻碍其结晶，故熔点很低，一般接近于室温，可通过调节其组成改变。离子液体是室温下的熔融盐，所以它的导电机理与熔融电解质相同。

离子液体与水溶液相比，电化学窗口宽、不挥发、不易燃，又具有较宽的液态温度范围，故其在电化学中的应用日益广泛。如可在离子液体中加入适当的锂盐后，用作锂离子电池的电解质。有些金属如锂、钠会与水反应，不能从水溶液中电解沉积，但可以从离子液体中沉积，而且沉积过程不释放氢气，产物的质量和纯度更高[43]。

离子液体的分类：依据阳离子不同可以将室温离子液体分为季铵盐类、季镏盐类、咪唑类、吡啶类等。其中，二烷基咪唑离子液体是最流行的离子液体。而季铵盐类离子液体由于熔点较高，且可商业获得，在催化反应中也常用。其他代表性的离子液体还有胍类离子液体、锍盐离子液体、两性离子液体和手性离子液体等。根据阴离子的组成可将离子液体分为两大类：一类是组成可调的氯铝酸类离子液体；另一类是组成固定，大多数对水和空气稳定的其他阴离子型离子液体，其阴离子主要包括 BF_4^-、PF_6^-、TA^-（CF_3COO^-）、TfO^-（$CF_3SO_3^-$）、NfO^-（$C_4F_9SO_3^-$）、Tf_2N^-［$(CF_3SO_2)_2N^-$］、$BeTi^-$［$(C_2F_5SO_2)N^-$］、TF_3C^-［$(CF_3SO_2)_3C^-$］、SbF_6^-、AsF_6^-、$CB_{11}H_{12}^-$（即碳硼烷阴离子及其取代物）、NO_3^-、$EtSO_4^-$、$MeSO_4^-$、$C_8H_{17}SO_4^-$ 等。一些常见的离子液体阳离子和阴离子分别见表 3-4 和表 3-5。

表 3-4　一些常见离子液体有机阳离子的结构示意

编号	英文名称	缩写	结构	中文名称
1	imidazolium	［$R^1R^2R^3im$］		咪唑阳离子
2	pyridinium	［$R^1R^2R^3py$］		吡啶阳离子
3	quaternary ammonium	［N_{1234}］		季铵阳离子
4	Tetraalkylphosphonium	［P1234］		季镏阳离子
5	guanidinium			胍类阳离子
6	sulfonium			锍盐阳离子

表 3-5　一些常见离子液体阴离子的结构示意

编号	英文名称	缩写	结构	中文名称
1	halide(bromide)	$[Cl, Br, I]^-$	Cl^-, Br^-, I^-,	卤化阴离子
2	tetrafluoroborate	$[BF_4]^-$		四氟硼酸阴离子
3	hexafluorophosphate	$[PF_6]^-$		六氟磷酸阴离子
4	acetate	$[CH_3CO_2]^-$		乙酸阴离子
5	trifluoroacetate	$[CF_3CO_2]^-$ $[TFA]^-$ $[TA]^-$		三氟乙酸阴离子
6	trifluoromethane-sulfonates triflate	$[OTf]^-$		三氟甲基磺酸阴离子
7	bis(trifluoromethyl-sulfonyl)imide	$[Tf_2N]^-$ 或$[NTf_2]^-$		双三氟甲基磺酸亚胺阴离子
8	dicyanimide	$[dca]^-$ 或 $[C(CN)_2]^-$		双氰基胺阴离子

　　以咪唑离子液体为例简单说明它们的命名原则，咪唑离子液体通常使用两个取代烷基第一个字母的大写（或小写）缩写后加"IM"或"im"。如丁基甲基咪唑写作"BMIM"或"bmim"。其他离子液体命名基本相似。现有的文献中大小写通用，如图 3-3 所示。

[emim][BF₄]　　　　　　　　　[bmim][PF₆]
[EMIM][BF₄]　　　　　　　　　[BMIM][PF₆]

图 3-3　1-乙基-3 甲基咪唑三氟乙酸盐的结构

　　由于 1-乙基-3 甲基咪唑三氟乙酸盐具备常温物理化学性能稳定、电化学窗口宽、对环境的基本无毒害、电导率不太低的特点，故其特别适合用来作为电解质电沉积回收贵金属。1-乙基-3 甲基咪唑三氟乙酸盐的结构如图 3-4 所示。

图 3-4　1-乙基-3 甲基咪唑三氟乙酸盐的结构

　　根据离子液体在水中的溶解性不同，大体上可以将其分为亲水性离子液体和憎水性离子液体。前者如 [BMIm] BF_4、[EMIm] BF_4、[EMIM] Cl、[BPy] BF_4 等，后者如 [BMIm] PF_6、[OMIm] PF_6、[BMIm] SbF_6、[BPy] PF_6 等。

　　此外，根据离子液体的酸碱性还可以把室温离子液体分为 Lewis 酸性、Lewis 碱性、Bronsted 酸性、Bronsted 碱性和中性离子液体。Lewis 酸性或碱性离子液体如氯铝酸类离子液体（当 $AlCl_3$ 的摩尔分数 $x>0.5$ 时为酸性，$x<0.5$ 时为碱性）；Bronsted 酸性离子液体指含有活泼酸性质子的离子液体，如甲基咪唑与氟硼酸直接反应得到的离子液体；Bronsted 碱性离子液体指阴离子为 OH^- 的离子液体，如 [BMIm] OH；中性离子液体种类非常多，应用也最广，如 [BMIm] BF_4、[BMIm] PF_6 等[44,45]。

　　与传统的有机溶剂和电解质相比，离子液体具有以下一系列突出优点：

　　a. 蒸气压低，不易挥发，通常无色无味；

　　b. 具有良好的热稳定性和化学稳定性，具有较大的稳定温度范围（−50～200℃）；

　　c. 无可燃性，无着火点，热容量较大且黏度低；

　　d. 离子电导率高，分解电压（也称电化学窗口）一般高达 3～5V；

　　e. 具有很强的 Bronsted、Lewis 和 Franklin 酸性以及超酸性质，且酸碱性可进行调节；

　　f. 能溶解大多数无机物、金属配合物、有机物和高分子材料（聚乙烯、PTFE 或玻璃除外），还能溶解一些气体，如 H_2、CO 和 O_2 等；

　　g. 弱配位能力；

　　h. 具有较大的结构可调性，以及离子液体的溶解性、液体状态范围等物理化学性质，适合用作分离溶剂；

　　i. 具有介质和催化双重功能。

　　由于具有以上特点，离子液体是工业上许多有毒有机溶剂的理想替代品，有人称其为"21 世纪溶剂""绿色溶剂"[42,46]。

2）循环伏安法（CV）

　　循环伏安法是以三角波的脉冲电压[如图 3-5(a) 所示，电压随扫描速度可从每秒钟数毫伏到 1V] 加在工作电极上，得到的电流电压曲线包括两个分支，如果前半部分电位向阴极方向扫描，电活性物质在电极上还原，产生还原波，那么后半部分电位向阳极方向扫描时，还原产物又会重新在电极上氧化，产生氧化波。因此在一次三角波扫描后，电极完成一个还原和氧化过程的循环，也因此扫描电势范围须使电极上能交替发生不同的还原和氧化反应，故该法称为循环伏安法（cyclic voltammetry），其电流—电压曲线称为"循环伏安图"，如图 3-5(b) 所示。

　　大多数实验采用循环伏安法的目的是确认正在发生的反应，探知反应机理和反应动力学。因此实验者将希望能检测到：

　　a. 正向扫描和反向扫描时出现的电流峰的数量；

　　b. 电流峰的形状；

　　c. 峰电势；

　　d. 峰电流密度；

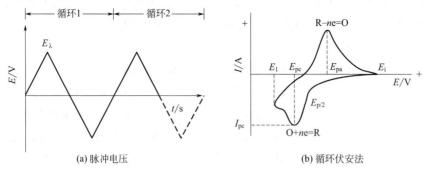

图 3-5　循环伏安法

E_λ—最大扫描电位；E_{pc}—还原峰电位；E_a—氧化峰电位；E_i—正向最大扫描电位；E_1—负向最大扫描电位；

I_{pc}—阴极峰电流；$E_{p/2}$—半峰电位；R—物质的还原态；O—物质的氧化态

e. 峰电量以及它们之间的平衡关系；

f. 首周、第二周和多周循环的差别。

特别是上述每项是如何随电势扫描速度和电势区间变化的[47]。

循环伏安法的应用：循环伏安法是一种很有用的电化学研究方法，可用于电极反应的性质、机理和电极过程动力学参数的研究。但该法很少用于定量分析。对于一个新的电化学体系，首选的研究方法往往就是循环伏安法，亦可称为"电化学的谱图"。

循环伏安法测定步骤：在有机物电化学反应的研究领域中，对于研究多步骤的氧化还原反应或者生成物不可逆的反应，循环伏安法是一个非常有用的测定方法。氧化还原体系的循环伏安法测定按以下步骤进行：

a. 选择好溶剂、支持电解质、研究电极、参比电极、辅助电极。

b. 配好电解液，接好电极测定回路。

c. 通 N_2 约 30min 除去溶解氧后停止通气，让电解液恢复静止状态。

d. 定好电位幅度和扫描速度。

e. 进行测定。

（3）实验设备

1）设备名称

a. 三电极电解槽 1 个；

b. Pt 电极 2 支分别用作工作电极和对电极，Pd 丝电极 1 支用作参比电极；

c. 电化学工作站 1 台；

d. 恒温油浴锅；

e. 直流电源；

f. Ti 板（1.5cm×0.5cm）；

g. 移液枪。

2）设备简介

① 电解槽

电化学测试所用装置为自制电解槽，结构简图如图 3-6 所示。

② 电化学工作站

电化学工作站（electrochemical workstation）是电化学研究和教学常用的测量设备，利用电化学工作站可进行循环伏安法、交流阻抗法、交流伏安法、电流滴定、电位滴定等多种电分析方法研究。电化学工作站是将恒电位（恒电流）仪、信号发生器、高速数据采集系统及相应的控制软件组成一台整机，利用电脑的控制完成电位监测、恒电位（流）极化、动电位（流）扫描、循环伏安、恒电位（流）方波、恒电位（流）阶跃以及电化学噪声监测等多项功能。电化学工作站可直接用于超微电极上的稳态电流测量。

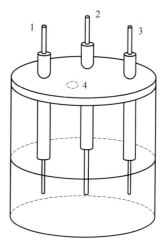

图 3-6　三电极电解槽
1—工作电极；2—参比电极；
3—对电极；4—N_2 入口孔

电化学工作站的工作方式包括两电极、三电极及四电极系统。多数的电化学工作站使用三电极体系，其系统组成包括：ⓐ工作电极（也称研究电极）；ⓑ参比电极；ⓒ辅助电极（对电极）；ⓓ电解质溶液；ⓔ恒电势（位）仪；ⓕPC 计算机（接口＋软件）[48]。

采用电化学工作站进行循环伏安测试时，将三个电极分别对应电化学工作站上的电极夹连接起来。其中工作电极（working electrode，WE）也称为研究电极，是实验的研究对象，工作电极的材料根据溶剂性质、电势范围等的不同，可以选择铂电极、金电极、铂碳电极、石墨电极或碳糊电极等。参比电极（reference electrode，RE）是电极的比较标准，用来确定工作电极的电势。对电极（counter electrode，CE）也称为辅助电极，用来通过极化电流，实现对工作电极的极化，一般用铂丝或铂片。电路接通以后，工作电极和对电极之间的回路，称为极化回路，极化回路中有极化电流流过，可对极化电流进行测量和控制。参比电极和工作电极之间的回路称为测量控制回路，对工作电极的电势进行测量和控制，由于回路中没有极化电流流过，只有极小的测量电流，所以不会对工作电极的极化状态、参比电极的稳定性造成干扰。

可见，在电化学测量中采用三电极体系，既可使工作电极的界面通过极化电流，又不妨碍工作电极的电极电势的控制和测量，可以同时实现对电流和电势的控制和测量。因此，在绝大多数情况下，总会采用三电极体系进行测量[49,50]。

（4）实验药品

a. $PdCl_2$；

b. 离子液体 1-乙基-3-甲基咪唑三氟乙酸盐［emim］CF_3COO，纯度不小于 99%；

c. 丙酮；

d. 乙醇；

e. 1mol/L 盐酸溶液。

（5）实验要求

a. 实验前按照指导书预习，根据实验任务书要求起草实验方案。

b. 根据实验安排的时间按时进入实验室进行离子液体回收贵金属钯的实验。

c. 实验前认真检查实验仪器和设备是否完好，发现问题及时报告指导教师解决或补充。实验严格按照规程操作，观察实验现象、做好实验记录。实验完毕后清理实验台面，经指导教师许可后方可离开实验室。

d. 遵守实验室制度，注意安全，爱护仪器设备，节约水电原材料，保持环境清洁。

(6) 实验步骤

1) 电极处理

将铂电极和钯丝电极用细砂纸将端面打磨至平滑光亮，分别用丙酮、稀盐酸、去离子水冲洗，冷风吹干后密封保存待用。

2) 离子液体的称量

用移液枪准确称取 10mL 离子液体置于电解槽中，注意吸取离子液体时一定要缓慢平稳地松开拇指，绝不允许突然松开，以防溶液吸入过快而冲入移液枪内腐蚀柱塞造成漏气。

3) 电解液配制

准确称取 $PdCl_2$，使 $PdCl_2$ 溶解到离子液体中，配制成含 12mmol/L Pd（Ⅱ）的电解液；提前水浴 40℃，磁力搅拌 12h，使 $PdCl_2$ 充分溶解（该电解液需要提前准备，正式实验时，再用 40℃磁力搅拌水浴 0.5～1h）。

4) 对离子液体进行电化学窗口测试

a. 将电极安置到电解槽上，使电极浸入空白离子液体，向溶液通 N_2 30min，将空白离子液体的气体排出。

b. 设置实验参数如下：温度为 25℃（通过恒温水或油浴锅进行温度控制），电化学工作站测试的起始电位设置为开路电位，最高电位为 2.5V，最低电位为 −2V，终止电位即最高电位 2.5V，扫描速度为 50mV/s。

c. 参数设置完毕后，以玻炭电极为工作电极、铂片为对电极、铂丝为参比电极将三个电极分别对应电化学工作站的电极夹连接起来开始循环伏安扫描，记录离子液体开始发生氧化和还原的电位，即电流开始发生变化的电位，其之间的范围为离子液体的电化学窗口。

5) 电解体系循环伏安测试

a. 取 10mL 的 12mmol/L Pd（Ⅱ）的离子液体电解液。

b. 电极反应可逆性判断。温度为 25℃，扫描速率为 50mV/s，测试电位范围根据得到的离子液体的电化学窗口进行设定，需小于离子液体的分解电位，循环 5 次，记录循环伏安图中还原峰和氧化峰的位置、强度、个数、形状。根据氧化峰电流密度 $|\,i_{pa}\,|$ 与还原峰电流密度 $|\,i_{pc}\,|$ 的大小，及氧化峰与还原峰电位的差值（$E_{pa} - E_{pc}$ 的值）判断电极反应可逆性。

6) 体系扩散系数的计算

a. 不同扫描速率下循环伏安测试：温度恒定为 25℃，扫描速率分别设置为 10mV/s、30mV/s、50mV/s、70mV/s、90mV/s、100mV/s，从最高扫描速率开始，扫描区间可参照步骤 4）的电化学窗口进行设置，且以其为研究对象。在完成每一次扫速的测定后，注意轻轻摇动电解池，以使电极附近溶液恢复至初始状态。

b. αn 的计算。列表总结测量结果，包括 E_{pc}、I_{pc}、$E_{p/2}$，表格形式可参照表 3-6。

表 3-6　不同扫描速率下的循环伏安曲线数据

$v/(mV/s)$	$v^{1/2}/(V/s)^{1/2}$	E_{pc}/V	I_{pc}/A	$E_{p/2}/V$	$\|E_{pc}-E_{p/2}\|/V$	αn
10						
30						
50						
70						
90						
100						
平均						

注：α—动力学参数；n—电极反应电荷转移数。

如果测试结果是可逆反应，E_{pc} 基本不随扫速发生改变，则根据 $\Delta E_p = E_p - E_{p/2} = \dfrac{0.0565}{n}$（V）可直接计算 n 的值（$E_{p/2}$ 为 $i = i_{p/2}$ 时所对应的电位，其中 $i_{p/2}$ 为半峰电流密度）。若测试结果为非可逆反应，根据式(3-1) 或式(3-2) 及表中数据可求出体系不同扫描速率下的 αn 值进而求出平均值。对于大多数体系，α 值为 $0.3 \sim 0.7$[51]，但对于电沉积钯体系而言，根据文献中的报道，α 值为 $0.1 \sim 0.9$[52]，试取 0.5。此外，根据钯的化合价可进一步推测出 n 的值。

$$\Delta E_p = E_{p/2} - E_p = \frac{1.857RT}{\alpha n_a F} \tag{3-1}$$

$$= \frac{47.7}{\alpha n_a}(mV)(25℃) \tag{3-2}$$

将表中数据借助作图软件 origin 进行处理，作出 $i_p\text{-}v^{1/2}$ 图进行线性拟合，根据式(3-3) 中 $i_p = f(v^{1/2})$ 的斜率求出扩散系数 D。

$$i_p = 269An^{3/2}D_R^{1/2}C_Rv^{1/2} \tag{3-3}$$

7）电沉积实验

工作电极改为 Ti 板，根据循环伏安测试的还原峰电位，在离子液体电化学窗口之内，选择还原峰或比其稍负的电位进行恒电位电沉积，或根据还原峰电流密度大小，进行恒电流沉积。温度为 25℃，时间为 10h。产物收集采用离心方式分离出离子液体，剩余产物依次用乙醇、稀盐酸、去离子水进行清洗，然后置于干燥器中烘干，密封保存。

a. 将电沉积后的离子液体倒入废液桶，阳极板和阴极板依次用乙醇、去离子水缓慢清洗，然后置于干燥器中烘干，称重。

b. 参考式(2-5) 计算离子液体电沉积效率，并根据式(3-4) 计算钯的回收效率

$$\eta_r = \frac{m_r}{m_{Pd总}} \times 100\% \tag{3-4}$$

式中，m_r 为阴极沉积物的实际量，g；$m_{Pd总}$ 为电解体系中初始投入 Pd 的总质量，g。

（7）注意事项

a. 仪器如电化学工作站在使用前需预热约 30min，将电极浸入电解槽内的溶液后，也需静置一段时间，以使工作电极与溶液界面间形成稳定的双电层，再进行测量。

b. 实验内容 5）和 6）理论性较强，建议进一步参考相关专著选做。

c. 整个操作过程注意电解槽内溶液的密封性，防止空气中水分进入影响测试结果。

d. 测试完毕后，电极要及时用酒精和去离子水冲洗，密封保存，下次使用前重新打磨干净。

（8）思考与讨论

a. 离子液体有哪些优点和缺点，还可以应用在哪些领域？

b. 温度和离子浓度会对离子液体电解产生什么影响？

c. 循环伏安图谱上的峰是怎么产生的？

3.3 活性炭改性及吸附重金属实验

（1）实验目的

本实验通过对活性炭进行改性，吸附其中的重金属，获得净化水。通过活性炭改性及其应用的试验，熟悉并巩固湿法冶金相关实验操作；了解活性炭的性质和作用，熟悉活性炭吸附实验的操作步骤，掌握数据处理方法。

（2）实验原理

1）活性炭吸附

活性炭（activated carbon，AC）是由含碳物质制成的外观黑色、内部孔隙发达、比表面积大、吸附能力强的一类微晶质碳。其性质稳定，耐酸碱、耐热，不溶于水或有机溶剂，容易再生，是一种环境友好型吸附剂。

① 活性炭的表面物理结构特性

碳原子具有 $2s^2$、$2p^2$ 两种价电子，化学结合时形成 sp、sp^2 及 sp^3 三种混合轨道，活性炭的基本结构单元是由 sp^2 杂化轨道所形成的、结合角为 120° 的平面二元格结构。活性炭表面物理结构特性主要是指微孔体积、比表面积和微孔结构等，这些结构特性决定了活性炭的物理性吸附性能。

活性炭是由排列成六角形的碳原子平面层组成的，这些平面层构成了活性炭的基本微晶，即石墨状微晶，每个石墨微晶含有 3~4 个平行的碳原子平面层。活性炭基本微晶平面不完全是沿着共同垂直轴排列的，一种是微晶层与层之间存在杂乱无章的角位移，隔层不规则地相互重叠着，这种排列称为"螺旋层结构"；另一种是交联碳六角形空间晶格的不规则结构，这是由石墨层面扭曲而形成的。活性炭中孔隙的形状是多种多样的，大多数很不规则，例如，有两端开口的毛细管状，也有一端封闭的孔隙，此外，还有墨水瓶状、狭缝状、"V"字形裂口状，以及其他不规则形状的孔隙等。通常活性炭材料的孔隙被当作圆筒形毛细管状看待，通常将孔隙按照半径大小分为微孔、过渡孔和大孔，将 $r<2nm$ 的孔隙称微孔，$2nm<r<100nm$ 的孔隙称为中孔（过渡孔），$r>100nm$ 的孔隙称为大孔。不同孔径的孔在吸附过程中所起的作用不同。大孔孔容一般为 $0.2\sim0.8cm^3/g$、比表面积为 $0.5\sim2.0m^2/g$，大孔在比表面积中所占比例很小，因此，其常成为吸附质分子的通道；中孔孔容一般为 $0.02\sim0.10cm^3/g$、比表面积为 $20\sim70m^2/g$，中孔既是吸附剂通道，支配着吸附的过渡，又在一定压力下发生毛细凝聚，它对大分子的吸附起重要的作用；微孔孔容一般为 $0.2\sim0.6cm^3/g$、比表面积可达几百至几千 m^2/g。活性炭材料 90% 的表面积都集中在微孔，因此活性炭材料起主要吸附作用的是微孔。微孔主要包括两种，一种是石墨微晶中层面之间形成的层间孔；另一种是石墨微晶之间形成的粒间孔。

② 活性炭表面化学结构特征

在制备各种活性炭的活化反应中，微孔进一步扩大形成了许多大小不同的孔隙，孔隙表面一部分被烧掉，化学结构出现缺陷或不完整，使活性炭的基本结构产生缺陷和不饱和现象，此外由于灰分及其他杂原子的存在，氧和其他杂原子吸附于这些缺陷上与层面和边缘的碳反应形成各种键，以致形成各种官能团，使活性炭产生了各种各样的吸附特性。化学性质对活性炭的酸碱性、润湿性、吸附选择性、催化特性、电化学性质等产生较大影响，其中对活性炭吸附性质产生重要影响的化学基团主要是含氧官能团和含氮官能团。

图 3-7 所示为活性炭表面可能存在的几种含氧官能团的可能结构式。并排的羧基（a）有可能脱水形成酸酐（b）；若与羧基或羰基相邻，羰基有可能形成内酯基（c）或芳醇基（d）；单独位于"芳香"层边缘的单个羟基（e）具有酚的特性；羰基（f）有可能单独存在或形成醌基（g）；氧原子有可能简单地替换边缘的碳原子而形成醚基（h），官能团（a）～（e）表现出不同的酸性。一般来说，活性炭表面的氧含量愈高其酸性也愈强，且具有阳离子交换特性；反之，表面的氧含量愈低，其碱性就愈强，具有阴离子交换特性。活性炭表面除含氧基团外，含氮官能团也对活性炭的性能产生显著影响。

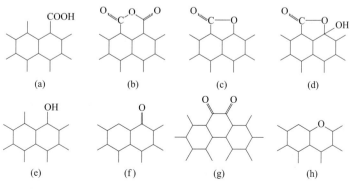

图 3-7　活性炭中含氧官能团

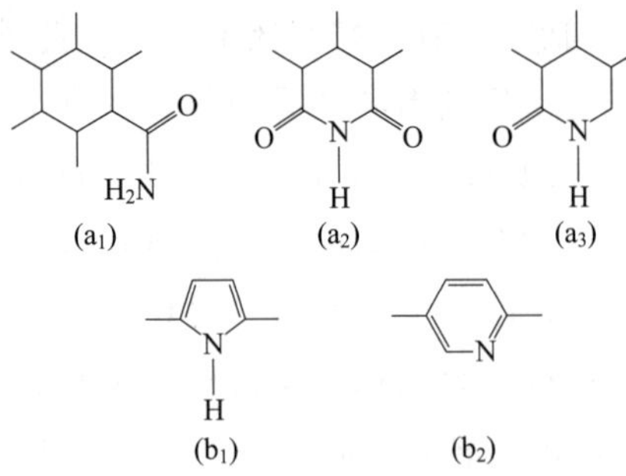

图 3-8　活性炭中含氧官能团

目前，经过物理化学和化学的分析方法可知可能存在的含氮官能团的化学结构如图 3-8 所示。含氮官能团一般来源于利用含氮原料的制备工艺过程和活性炭与人为引入的含氮试剂的化学反应。活性炭表面存在的含氮官能团主要包括酰胺基（a₁）、酰亚胺基（a₂）、乳胺基（a₃）、吡咯基（b₁）吡啶基（b₂）等，其使活性炭表面表现出碱性特征以及阴离子交换特性。

2）活性炭的改性

活性炭具有很大的吸附性能主要是由其特殊的表面结构特性和表面化学特性所决定的。可对活性炭进行改性处理，使其结构和表面基团改变以增强其吸附性能。

① 结构改性

结构特性决定了活性炭的物理吸附。结构特性主要是指微孔体积、比表面积和微孔结构等，普通活性炭存在灰分高、孔容小、微孔分布过宽、比表面积低和吸附性能差等特点。活性炭的比表面积、孔径分布等物理性质对其吸附能力有很大影响，因此有必要对其进行改性，从而改变其吸附性能。结构的改性有物理法、化学法及两者的联合。

a. 物理法。物理法主要是对原料进行炭化处理，然后用合适的氧化性气体对炭化物进行活化处理，通过开孔、扩孔和创造新孔，形成发达的孔隙。

b. 化学法。化学法主要是利用化学物质使活性炭进一步炭化和活化，得到孔隙更为发达的样品。常用的活化剂有碱金属、碱土金属的氢氧化物、无机盐类以及一些酸类。文献报道较多的有 KOH、NaOH、$ZnCl_2$、$CaCl_2$ 和 H_3PO_4 等。

c. 物理化学联合法。物理化学联合法是将两种方法联合起来进行改性。一般来说，先进行化学活化再进行物理活化。

② 表面化学性质改性

活性炭的表面化学性质都具有极其重要的作用，当作为吸附剂使用时，其表面化学性质决定了其吸附物质的种类和数量，这里的化学性质主要指其表面的官能团。表面化学改性的方法包括高温处理技术、表面氧化改性、还原改性、负载金属或氧化物改性、添加活性剂等。有目的地对活性炭进行表面改性，赋予其一些特殊的表面化学性质，从而改变其吸附性能。

a. 氧化改性。氧化改性主要是利用强氧化剂在适当温度下对活性炭表面进行氧化处理，从而提高活性炭表面含氧酸性基团的含量，增强表面极性，提高对金属离子的吸附能力。目前，通过氧化改性提高活性炭表面酸性基团的改性剂主要包括 HNO_3、H_2O_2、H_2SO_4、HCl、HClO、HF 和 O_3 等。

b. 还原改性。通过还原剂在适当的温度下对活性炭表面官能团进行还原改性，从而提高含氧碱性基团的含量，增强表面的非极性，使表面零电势点 pH_{pzc} 升高，这种活性炭对非极性物质具有更强的吸附性能。常用的还原剂有 H_2、N_2、NaOH 等。

c. 负载金属或氧化物改性。负载金属改性的原理大都是通过活性炭的还原性和吸附性，使金属离子在活性炭的表面首先吸附，再利用活性炭的还原性，将金属离子还原成单质或低价态的离子，由于金属或金属离子对被吸附物较强的结合力，故而提高了活性炭对吸附质的吸附性能。目前常用负载的金属离子包括铜离子、铁离子等。活性炭表面存在金属还可以降低再生温度和提高再生效率，而且活性炭材料作为催化剂载体可以燃烧完全，使金属的回收成本很低，同时也不会造成二次污染。

d. 添加 N、F、Cl 等杂原子。在活性炭主体结构的表面碳原子上添加杂原子（N、F、Cl 等），形成各种表面化学基团，改变活性炭的吸附选择性主要有以下几种方法：液相浸渍法，即将活性炭浸渍于一定浓度的含氮、含氟、含氯等化合物的溶液中，使孔道被溶液浸透，经过处理制成含氮、含氟、含氯的活性炭；气相反应法，即使活性炭与含有 N、F、Cl 元素的气体接触，在一定温度下进行反应，制成含氮、含氟、含氯的活性炭。

③ 活性炭对金属离子的吸附

a. 吸附机理。对于活性炭对金属离子的吸附机理说法各不相同，主要包括静电作用机理和离子交换机理。大多数离子的吸附与活性炭表面的酸性官能团有关，属于离子交换机理。根据文献报道活性炭吸附 Zn^{2+} 的过程如图 3-9 所示。

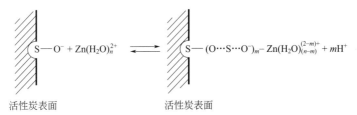

图 3-9　活性炭吸附 Zn^{2+} 机理

其吸附主要与活性炭表面的含氧及硫官能团有关，并且锌离子是以水合离子的形式被吸附，在吸附过程中有氢离子放出。

b. 影响吸附的因素。吸附过程中 pH 值是影响其吸附效果的主要因素之一，主要是因为 pH 值对活性炭与金属离子之间的亲合力有着非常重要的影响：当溶液的 pH 值升高后，活性炭表面官能团质子化程度减小，从而表面电势密度降低，金属阳离子与活性炭表面的静电斥力减少；同时由于活性炭表面的官能团为弱酸性活性炭上负电势点增多，因而吸附量增多。过高的 pH 值会导致金属氢氧化物沉淀生成，因此在吸附过程中应严格控制好 pH 值。

同时溶液的离子强度、初始浓度以及活性炭的投加量对重金属离子的吸附去除也有影响。根据双层静电（electrostatic double layer，EDL）理论，当溶液的离子强度增加时，活性炭的双层静电被压缩，故对金属离子的吸附量增加。活性炭的吸附位点是固定不变的，对金属离子的吸附量也是固定的，因此当金属离子的初始浓度增加后吸附率降低。

(3) 实验设备

a. 电子天平；

b. 烧杯、量筒、玻璃棒、锥形瓶；

c. 移液管、容量瓶、移液枪；

d. 干燥箱、马弗炉；

e. 水浴锅。

（4）实验药品

a. 市售活性炭；

b. 浓硫酸、浓盐酸；

c. 分析纯级硫酸锌。

（5）实验要求

a. 实验前按照指导书预习，根据实验任务书要求起草实验方案。

b. 根据实验安排的时间按时进入实验室进行活性炭改性及吸附重金属实验。

c. 实验前认真检查实验仪器和设备是否完好，发现问题及时报告指导教师解决或补充。实验严格按照规程操作，观察实验现象、做好实验记录。实验完毕后清理实验台面，经指导教师许可后方可离开实验室。

d. 遵守实验室制度，注意安全，爱护仪器设备，节约水电原材料，保持环境清洁。

（6）实验步骤

1）改性活性炭的制备方法

① 活性炭预处理

取市售颗粒活性炭 20g，用去离子水洗净后，在 50℃条件下干燥 2h，置于干燥器中备用。

② 活性炭氧化改性

配 10% 浓度的硫酸。取 20g 活性炭和 10mL H_2O_2 混合反应 10min，倒入 200mL 10% 的硫酸，75℃水浴条件下，搅拌浸泡 1h。待样品冷却后，过滤分离活性炭，并用去离子水反复洗至 pH 值稳定在 6 左右，之后进行干燥。干燥后样品放至马弗炉中 400℃下活化 1h。冷却后干燥保存待用。

2）改性活性炭吸附 Zn^{2+} 试验

① 不同浓度盐酸溶液配制

实验室用浓盐酸浓度为 12mol/L，用该浓盐酸配制 0.01mol/L、0.1mol/L、1mol/L、2mol/L、3mol/L 盐酸溶液。以下以配制 0.01M 盐酸溶液为例进行说明。

a. 计算：由 12mol/L 的盐酸配制 0.01mol/L 的盐酸需要稀释 12/0.01＝1200 倍；若选取量程较小的容量瓶稀释，则需要取的浓盐酸量过少，其误差较大，因此选取容量为 1L 的容量瓶。1000mL/1200＝0.83mL，因此需要稀释 0.83mL 的浓盐酸至 1L 便可得到 0.01mol/L 的盐酸溶液。

b. 量取浓盐酸：由于浓盐酸易挥发，因此在量取过程中，一定要操作精准、移液迅速。动作过慢，移液管中因挥发出的 HCl 气体而产生正压，导致在移液过程中有部分盐酸滴落，造成试验误差。

c. 稀释：按照计算结果量取浓盐酸。最终得到不同浓度的盐酸溶液，分别用盐酸浓度编号。

② 不同盐酸浓度 Zn^{2+} 溶液的配制

用不同浓度的盐酸溶液配制 100mg/L 的 Zn^{2+} 溶液各 500mL，编号待用，称为原液。

③ 不同盐酸浓度下活性炭吸附 Zn^{2+} 试验

用天平称取 5 份改性活性炭，每份 5g，分别置于 250mL 的锥形瓶中。将 5 种不同酸度的 Zn^{2+} 溶液 200mL 各自加入 5 个锥形瓶中，用保鲜膜封口。之后将其置于 40℃ 的水浴中 40min。

3) 吸附结果检测

① 取样

用移液管分别吸取 10mL 原液于带盖试剂瓶中，编号；吸附试验结束之后离心，用移液管分别取上清液 10mL 于带盖试剂瓶中，编号。

② 稀释

分别将 10 个样品中的溶液用 1mol/L 盐酸稀释 2 倍，得到新待测样品，编号。

③ 标准液配制

配制 50mg/L 的 Zn^{2+} 标准溶液 100mL，原 Zn^{2+} 标准溶液一般为 1000mg/L。需要对原标准液稀释 20 倍，用移液枪取 5mL 原标准液于 100mL 容量瓶中，用 1mol/L 的盐酸定容。

④ ICP-AES 检测

检测由专人操作，主要由建方法、测空白液、测标准液、测样品、数据导出几个步骤组成。

⑤ 吸附率计算

根据式(3-5) 分别计算不同酸度下的吸附率。

$$S = \frac{(C_0 - C)V}{C_0 V_0} \times 100\% \tag{3-5}$$

式中，C_0 和 C 分别代表吸附前后 Zn^{2+} 浓度，mg/L；V_0 代表吸附前原液体积，L；V 代表吸附后溶液体积，L；S 代表吸附率，%。

根据式(3-6) 分别计算不同条件下的吸附容量，表征吸附剂吸附能力。

$$Q = \frac{(C_0 V_0 - CV)}{m_a} \times 100\% \tag{3-6}$$

式中，m_a 代表吸附剂质量，g；Q 代表吸附容量，mg/g。

还可以在本实验基础上设计不同 Zn^{2+} 浓度和不同活性炭投加量的单因素实验，并分析 $S\text{-}C_{Zn^{2+}}$、$Q\text{-}C_{Zn^{2+}}$、$S\text{-}m_a$、$Q\text{-}m_a$ 曲线规律。

(7) 注意事项

a. 实验过程中注意必要的防护措施，佩戴口罩、手套，穿着实验服。

b. 浓盐酸等挥发性酸禁止用移液枪量取，挥发出的酸性气体会进入移液枪内部，损坏其零件。

c. 标准溶液和试样溶液需用酸稀释定容。

(8) 思考与讨论

a. 吸附率随盐酸浓度变化的趋势是什么？为什么会出现这样的趋势？

b. 活性炭为什么会出现吸附活性？改性的作用是什么？

c. 吸附率和吸附容量有什么区别？如何提升这两个指标？

第2篇

废弃稀有金属材料循环再造

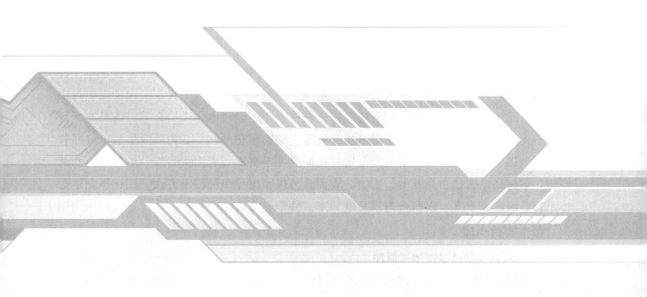

第 **4** 章

钨的熔盐电化学实验

4.1 高温熔盐物理化学性能测试实验

（1）实验目的

钨是我国的优势矿产资源，钨资源近年逐年锐减，从废旧硬质合金中回收钨和钴等金属逐渐引起人们重视。利用熔盐电解法可实现从废旧硬质合金中高效回收钨、钴，该方法是一种绿色短流程的新方法。熔融盐又叫做高温熔盐，在室温下是固态，但是在较高温度下处于液相状态，此时其具有低黏度、高电导率、高热容，高热导率等多种特性，因其具有较好的热稳定性及电化学稳定性，故可使在水溶液中无法实现的反应得以发生。高温熔盐在热能存储，轻金属、稀土金属、难熔金属电化学冶金等方面具有无可比拟的优势，因此，需要深入了解熔盐介质基本的物理化学性质，为后续熔盐电解回收硬质合金提供指导。本实验学习高温熔盐初晶温度、密度、表面张力以及电导率的测试原理，掌握高温熔盐初晶温度、密度、表面张力以及电导率的测定方法，测试不同熔盐体系初晶温度、密度、表面张力以及电导率，并学会分析相关数据。

（2）实验原理

1）高温熔盐初晶温度测试原理

高温熔盐初晶温度的测试采用步冷曲线法。步冷曲线也叫冷却曲线，是观察体系自高温逐渐均匀冷却的过程中，体系温度与时间的变化关系，与加热曲线相对应。当体系从液态开始冷却时，按能量的变化规律会逐次析出固相，冷却曲线能观察到析出相时的温度，是一种重要的相图研究方法。

如图 4-1 所示，图（a）是不同成分的步冷曲线，图（b）是二元体系的相图，可见步冷曲线可以定出相图上的共熔点、初晶温度等，如果存在多晶转变或包晶转变也可以通过步冷曲线予以测定。图 4-1 中的水平线段和转折点是一种理想的形式，实际测量中是非常复杂的。一般在结晶过程中，需要有一定的过冷度 ΔT，结晶才能自发进行，过冷度不但与试样的扩散驱动力有关也与实验过程有关，如果在测量过程中加以不断的搅拌，过冷度会相应减小，测量结果也更接近真实值。同时为避免过冷现象的发生，冷却速率要尽可能小，但必然又增加了测量的时间。因此，一般采用步冷曲线与差热分析配

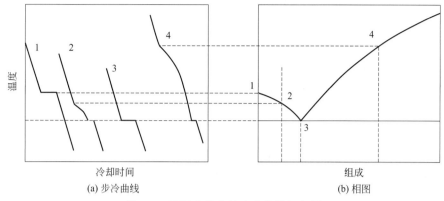

(a) 步冷曲线 　　　　　　　　　 (b) 相图

图 4-1　不同成分点的步冷曲线与相图

合测量初晶温度、熔点、转融温度等参数。

2) 高温熔盐密度测试原理

高温熔盐密度测试采用阿基米德法：物体浸没在液体里受到的浮力，等于物体所排开同体积液体的重力。我们采用已知体积的铂金球，测定其在空气和熔体中质量的变化，就可以求出熔体的密度。

所用铂金球的体积 V_0 可通过测定其在空气中的质量和已知密度的液体（一般为纯水）中的质量用式(4-1)求得

$$V_0 = \frac{m - m_0}{\rho_0} \tag{4-1}$$

式中，V_0 是铂金球体积；m 为物体在空气中的质量；m_0 为物体在密度为 ρ_0 的液体中的质量。

于是，高温熔体的密度可以按式(4-2)求出。

$$\rho = \frac{m - m_1}{V} \tag{4-2}$$

式中，ρ 为高温熔体的密度，g/cm^3；m 为物体在空气中的质量，g；m_1 为物体在高温熔体中的质量，g；V 为校正的铂金球体积，cm^3。

质量使用 Satrious 万分之一精度天平进行称量（使用天平底部的挂钩挂住与铂金球相连的铂金丝称量）。

在使用铂金球测定高温熔体的密度时，常温下测定的铂金球体积发生了变化，必须加以校正。根据铂金球的体积热膨胀系数 $a(9 \times 10^{-6})$，对高温下铂金球的体积进行修正

$$V = V_0 + aV_0(T_2 - T_1) \tag{4-3}$$

式中，V_0 为用纯水标定的铂金球的体积；T_2 为测定密度时的熔盐温度；T_1 为标定时的纯水温度。

3) 高温熔盐表面张力测试原理

表面张力是液体表层分子之间的引力不均衡而产生的沿表面作用于任一界线上的张力，表面张力是物质的特性，其大小与温度和界面两相物质的性质有关。

通过液体分子间的吸引力，液体里面的气泡同样会受到这些吸引力的作用，譬如气泡在液体中形成会受到表面张力的挤压。气泡的半径越小，它所有的压力就越大。通过与外部气泡相比，增加的压力可用于测量表面张力。气体经由毛细管进入液体，随着气泡形成外凸，气泡的半径也随之连续不断地减小。这个过程压力会上升到最大值，气泡半径最小。此时气泡的半径等于毛细管半径，气泡呈半球状。此后，气泡破裂并脱离毛细管，新气泡继续形成。把过程中的气泡压力特征曲线描绘出来，就可以用它来计算出表面张力。

高温熔盐表面张力的测试采用最大气泡压力法，原理及装置如图 4-2，毛细管内外压力满足如下关系

$$\Delta P_{max} = P_{max} - P = \rho g h + \frac{2\gamma}{R} \tag{4-4}$$

对于采用微压差计测量则有

$$\sigma = \frac{R}{2}(P_{max} - P_{本底} - \rho g h) \tag{4-5}$$

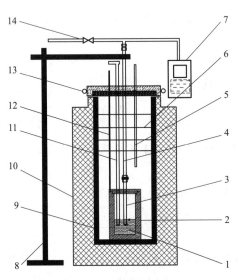

图 4-2　表面张力测试系统示意图

1—熔盐样品；2—石墨坩埚；3—铂金毛细管；4—不锈钢毛细管加刚玉套管；5—导气管；6—隔热片；
7—微压差计；8—升降器 9—刚玉炉管；10—炉体；11—热电偶；12—电极；13—冷却水管；14—针阀

4) 高温熔盐电导率测试原理

电导率的测量采用 CVCC（continuously differenting cell constant）法，原理如下。根据欧姆定律有

$$R_m = \frac{l}{kA} = \frac{C}{k} \tag{4-6}$$

式中，R_m 为熔盐电阻；l 为电导池长度；A 为电导池横截面积；C 为电导池常数；k 为电导率。要确定熔体电导率 k，需先需要确定电阻 R 和电导池常数 C。一般地，通过对已知电导率的标准试剂（如氯化钾溶液或熔体等）电阻的测定，获得电导池常数 C，再测定该电导池结构下被测熔盐的电阻，从而求得其电导率 k。因此，为获得准确

的被测熔盐电导率，首先需要具稳定电导池常数的电导池结构，对于温度为 $700 \sim 1000\text{℃}$、腐蚀性较大的熔融电解质来说，找到一种电导池常数不变的电导池难度是比较大的。其次，还需能对熔体电阻进行准确测定的检测手段。施加直流电源测定电阻对于熔融电解质来说是行不通的，因为直流电会使阴阳极上发生电解反应，一般用交流阻抗法来测定电解质的电阻。

对一个固定的电路施加固定频率的交流电信号，由于导线电阻和极化电阻都是不变的，那么当电导池常数发生变化时，电路中只有熔盐电阻是变化的，于是电路中的总电阻的变化与电导池常数的变化是成线性关系的，线性系数是关于熔盐电导率的一个常数。又由于电导池常数的变化是由电导池长度的变化所引起，于是可得

$$k = \frac{1}{A\,\dfrac{\mathrm{d}R_{\mathrm{m}}}{\mathrm{d}l}} \tag{4-7}$$

式中，k 为熔盐的电导率；R 为电路中的总电阻；l 为电导池的长度；A 为电导池的内截面积，式中的 A 值需要通过测定标准熔盐或水溶液的 $\mathrm{d}R/\mathrm{d}l$ 值来标定。

在电导率的测定中，使用 LCR 电桥测定阻抗是关键的步骤，实际上，使用 LCR 测定出的数值实际上是整个电路的交流阻抗 Z，可以表示为

$$Z = R + X_{\mathrm{L}} + X_{\mathrm{C}} \tag{4-8}$$

式中，R 是测量电路的总电阻；X_{L} 为测量电路的感抗；X_{C} 为测量电路的容抗。其中 R 可表示为

$$R = R_{\mathrm{m}} + R_{\mathrm{p}} + R_{\mathrm{w}} \tag{4-9}$$

式中，R 是测量电路的总电阻；R_{m} 是电解质的电阻；R_{p} 是极化电阻；R_{w} 是电路中连接导体的电阻，包括连接 LCR 与电极的导线电阻与电极电阻，可视为固定值。本试验由于采用了高频的小振幅的正弦波信号，在较高的频范围内测量熔盐的阻抗，降低了由于任何电极反应所带来的影响，使 R_{p} 被降低到很小，可以忽略不计。当对测量电路施加的交流信号的频率及电平固定时，电路中的感抗和容抗可视为固定值，此时改变电导池常数，只有熔盐电阻 R_{m} 发生变化。因此

$$k = \frac{1}{A\,\dfrac{\mathrm{d}R_{\mathrm{m}}}{\mathrm{d}l}} = \frac{1}{A\,\dfrac{\mathrm{d}R}{\mathrm{d}l}} = \frac{1}{A\,\dfrac{\mathrm{d}Z}{\mathrm{d}l}} \tag{4-10}$$

由此可见，使用 CVCC 法测定熔盐的电导率时，只需要在一个固定的外加频率下，改变毛细管电导池的长度，再读出不同电导池长度时的电路总阻抗 Z 即可。此外，使用 CVCC 法时，在标定和测量时对于电导池的一致性要求不再像使用固定电导池常数法那样苛刻，方便了试验的进行。

(3) 实验设备

a. 熔盐物性综合测试仪；

b. LCR 高频精密数字电桥；

c. 高精度数字微压差计；

d. 循环冷却器；

e. 样品温度热电偶；

f. 电导率测试用电极，BN 管 2 个；

g. 表面张力测试用铂金管 1 根；

h. 内径 63mm 的石墨坩埚 1 个。

（4）实验药品

a. 氯化钠：分析纯，纯度不低于 99.5%；

b. 氯化钾：分析纯，纯度不低于 99.5%。

（5）实验要求

a. 实验前按照指导书预习，根据实验任务书要求起草实验方案。

b. 根据实验安排的时间按时进入实验室进行高温熔盐物理性质的测试实验。

c. 实验前认真检查实验仪器和设备是否完好，发现问题及时报告指导老师解决。

d. 实验严格按照规程操作，观察实验现象、做好实验记录。实验完毕后清理实验台面，经指导老师许可后方可离开实验室。

e. 遵守实验室制度，注意安全，爱护仪器设备，节约水电原材料，保持环境清洁。

（6）实验步骤

1）高温熔盐初晶温度测试实验

① 根据试样的密度计算所需的样品量，保证熔融后的样品在坩埚中的高度约为 3～5cm。把准备好的试样装入石墨坩埚。在坩埚中放入搅拌棒，盖好坩埚盖，把坩埚装入井式坩埚炉中，放入测温热电偶及通气的刚玉管，把炉盖装好并上紧。打开电炉总电源，打开电炉的加热开关。打开电脑，运行温控软件。

② 点击"设置"菜单中的"记录仪设置"，设置需要记录的最高及最低温度。点击"画面"菜单中的"仪表屏"（或者点击"画面"下方的快捷图标），双击 3 号仪表。设置温度曲线。

③ 温度曲线第一段一般为初始炉温，升至 600℃，升温速率为 3～6℃/min；第二段为 600℃至实验温度，升温速率为 4～8℃/min。之后的温度段根据试验需要设置保温或者降温曲线（降温速率为 0.5～3℃/min）。设置好温度曲线后下传。

④ 把运行程序段设置为"1"，点击"确定"及"运行"，开始升温。同时运行循环冷水机，并通入高纯（纯度高于 99.8%）氩气或者氮气。

⑤ 样品熔融后，把测温热电偶固定好（热电偶顶端距离坩埚底部为 12～15mm），当测温热电偶的温度大约高于预测的初晶温度 50℃后，开始搅拌熔融试样（石墨搅拌棒的底部距离石墨坩埚底部为 3～5mm），记录降温曲线。

⑥ 降温曲线的第一个拐点对应的温度即为初晶温度，如果想要测定低于初晶温度的其他相变点温度，可以一直保持降温。降温曲线测定结束以后，点击保存，即可备份记录的温度数据。

⑦ 测定结束后，在熔盐凝固之前把热电偶及搅拌棒从熔盐中取出，如果熔盐已经凝固，需要重新加热融化试样，再把热电偶及搅拌棒从熔盐中取出。

2）高温熔盐密度测试

① 预先用纯水校准铂金锤的体积。校准时纯水的深度为 3.5～4.5cm，铂金锤底部距离水面约为 3cm。

② 把铂金锤及铂金丝称重并记录重量。

③ 根据试样的密度计算所需的样品量，保证熔融后的样品在坩埚中的高度约为 3.5～4.5cm。把准备好的试样装入 BN 坩埚（或者石墨坩埚），盖好坩埚盖，把坩埚装入井式坩埚炉中，放入测温热电偶及通气的刚玉管，把铂金锤吊在坩埚盖上方，把炉盖装好并上紧。

④ 把天平放到升降仪的平台上，调节好水平，天平除零（天平使用详见附录 5）。

⑤ 井式高温炉的温度设定方法见"初晶温度的测定"。

⑥ 温度曲线设置后，把运行程序段设置为"1"，点击"确定"及"运行"，开始升温。同时运行循环冷水机，并通入高纯（纯度高于 99.8%）氩气或者氮气。

⑦ 样品熔融后，把测温热电偶固定好（热电偶顶端距离坩埚底部约 12mm），当测温热电偶的温度达到预设值后，把铂金锤缓慢浸入熔盐中，铂金锤底部距离熔盐表面约 3cm，待天平读数稳定后，开始降温，记录各个温度点天平的读数。

⑧ 根据公式计算熔盐的密度。

3）高温熔盐表面张力测试

① 根据试样的密度计算所需的样品量，保证熔融后的样品在坩埚中的高度约为 1.5～3cm。把准备好的试样装入 BN 坩埚（或者石墨坩埚），盖好坩埚盖，把坩埚装入井式坩埚炉中，放入测温热电偶及通气的刚玉管，把铂金管固定到坩埚中心孔上方，把炉盖装好并上紧。

② 从实验开始到结束，铂金管内需要一直通入待测的气体，防止铂金管堵塞。

若发现铂金管已经堵塞，马上停止通气，以防止损坏微压差计。

③ 设定好升温及降温程序，开始升温后运行循环冷水机，并通入高纯（纯度高于 99.8%）氩气或者氮气。

④ 当熔盐的温度稳定在设定温度后，缓慢降低铂金管，使铂金管在熔盐上方至少预热 15min，使铂金管温度和熔盐温度尽量接近，以防止铂金管过凉导致熔盐在铂金管内凝固。

⑤ 预热好之后，缓慢降低铂金管，并用 LCR 电桥监测铂金管与熔盐形成的回路之间的电阻，当电阻突然变小时，可以得出铂金管与熔盐表面的接触点，记录此时升降器的坐标值。也可以在预热好之后把铂金管放到坩埚的底部，然后升高铂金管，并用 LCR 电桥监测铂金管与熔盐形成的回路之间的电阻。当电阻突然变大时，记录升降器的坐标值，把铂金管往上升 3～5mm，再缓慢向下寻找铂金管与熔盐表面的接触点。

⑥ 找到铂金管与熔盐表面的接触点之后，使用点动方式降低铂金管位置，每次降低 1mm，然后调节精密针阀，观察压力变化规律，使压力变化的两次最大值之间的时间为 10～30s，也就是 10～30s 产生一个气泡。分别记录铂金管浸入深度为 1mm、2mm、3mm 时的最大压力值，每个深度记录 5～10 组，取平均值后代入公式计算气体与熔盐之间的表面张力。

4) 高温熔盐电导率测试

① 事先根据已知浓度的 KCl 溶液校准 PBN 管的横截面积。校准时电极的初始位置和记下测定时要基本保持一致。

② 根据试样的密度计算所需的样品量，保证熔融后的样品在坩埚中的高度约为 6～8cm。把准备好的试样装入石墨坩埚，盖好坩埚盖，把钨电极放入 BN 管中，把坩埚装入井式坩埚炉中，放入测温热电偶及通气的刚玉管，把炉盖装好并上紧。

③ 井式高温炉的温度设定方法见"初晶温度的测定"。

④ 温度曲线设置后以后，把运行程序段设置为"1"，点击"确定"及"运行"，开始升温。同时运行循环冷水机，并通入高纯（纯度高于 99.8%）氩气或者氮气。

⑤ 当熔盐的温度稳定在设定温度后，把钨电极放到底部，然后向上升高约 40mm，记下电极的初始位置（X 轴的初始坐标）把升降器的点动距离设置为 1mm，采用点动方式下降电极，每次下降 1mm，依次读取并记录熔盐的阻抗值，一般情况下电极移动 0.6～1cm 的距离。如需重复测定，需要把电极位置升到初始位置，再进行重复测定。

⑥ 把温度控制在其他预设的温度点，把电极位置升到初始位置，按照上面的方法进行测定。

⑦ 测定结束后，在熔盐凝固之前把热电偶、钨电极及 PBN 管从熔盐中取出。如果熔盐已经凝固，需要重新加热融化试样，再把热电偶及锤从熔盐中取出。若 PBN 管要重复使用，使用前必须把 PBN 管内黏附的物质清理干净，清理时不能磨损管的内壁，否则要重新标定面积。

⑧ 按照公式计算熔盐在不同温度下的电导率。

(7) 注意事项

1) 高温熔盐初晶温度测试

① 一般需要炉温低于 400℃后，才停止通保护气，保证石墨坩埚不被氧化。

② 炉温低于 200℃后，可以停止循环冷水机。温度较高时若冷水机故障停止工作，若不停止实验，需将铜盘上的冷取水管拔出。

2) 高温熔盐密度测试

① 测定结束后，在熔盐凝固之前把热电偶及铂金锤从熔盐中取出，如果熔盐已经凝固，需要重新加热融化试样，再把热电偶及锤从熔盐中取出。

② 炉温低于 400℃后，可以停止通保护气，炉温低于 200℃后，可以停止循环冷水机。

③ 密度的计算中需考虑铂金锤体的热膨胀的影响，若热膨胀系数较小也可忽略不计。

④ 表面张力项的影响也可加入公式中予以考虑，但一般表面张力项的数据缺乏，且表面张力的影响一般较小，可忽略不计。

3) 高温熔盐表面张力测试

① 测定结束后，在熔盐凝固之前把热电偶、铂金管从熔盐中取出。如果熔盐已经凝固，需要重新加热融化试样，再把热电偶及铂金锤从熔盐中取出。

② 炉温低于 400℃后，可以停止通保护气，炉温低于 200℃后，可以停止循环冷

水机。

4）高温熔盐电导率测试

① 炉温低于 400℃后，可以停止通保护气，炉温低于 200℃后，可以停止循环冷水机。

② 校准时 KCl 溶液的配制需非常精确，若样品电导率较小可采用 0.1mol/L 的 KCl 水溶液校准 PBN 管的截面积。

（8）思考与讨论

a. 测量高温熔盐密度时，为什么选用铂金锤作为测试工具？

b. 测量高温熔盐表面张力时，为什么毛细管的选取很重要？

c. 测量高温熔盐初晶温度时，如何确定降温速率？

4.2　熔盐电解质电化学窗口的测试实验

（1）实验目的

利用熔盐电解的方法从废旧硬质合金中短流程实现钨钴的回收的基础之一是研究熔盐介质的电化学稳定性。这其中涉及多种电化学测试技术。本实验学习循环伏安法的基本原理，掌握电化学工作站中循环伏安曲线的测定方法；利用循环伏安法测定出熔盐电解质的电化学窗口，学会分析电化学测试数据。

（2）实验原理

对于一种电解质来说，加在其上的最正电位和最负电位是有一定限制的，超出这个限度，电解质会发生电化学反应而分解。这个最正电位和最负电位之间有一个电解质能够稳定存在的区间，把这个区间称为电化学窗口。电化学窗口是衡量电解质稳定性的一个重要指标。

电化学窗口一般可以通过循环伏安法（cyclic voltammetry）测试得到，在电化学循环伏安曲线上没有电化学反应的那一段区间，就是电化学窗口。在这个电位范围内，电解质没有电化学反应发生。因此在电化学研究时，研究对象的氧化还原电位应该处在所选择的电解质的电化学窗口之中，才不会造成负面影响[53]。

循环伏安法是一种常用的电化学研究方法。该法控制电极电势以不同的速率，随时间以三角波形一次或多次反复扫描，电势范围是使电极上能交替发生不同的还原和氧化反应，并记录电流—电势曲线。根据曲线形状可以判断电极反应的可逆程度，中间体、相界吸附或新相形成的可能性，以及偶联化学反应的性质等。常用来测量电极反应参数，判断其控制步骤和反应机理，并观察整个电势扫描范围内可发生哪些反应及其性质如何。对于一个新的电化学体系，首选的研究方法往往是循环伏安法，因此其他可称为"电化学的谱图"。本法除了使用汞电极外，还可以用铂、金、玻璃碳、碳纤维微电极以及化学修饰电极等[54]。

循环伏安法通常采用三电极系统，图 4-3 即为三电极系统实验装置示意图。三电极即一支工作电极（被研究物质起反应的电极）、一支参比电极（监测工作电极的电势）、一支辅助（对）电极。外加电压加在工作电极与辅助电极之间，反应电流通过工作电极与辅助电极。

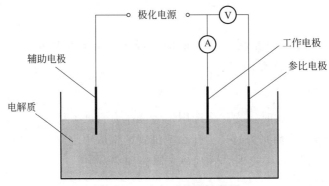

图 4-3　三电极系统实验装置

循环伏安法在研究电极过程时，主要研究控制电极电势在一定范围内随时间连续变化，同时测定电极电流的变化规律，得到的电极电流随电极电势变化的曲线称为循环伏安特性曲线。

具体如图 4-4（a）所示，控制电极电势随时间做线性变化，在电势线性扫描到某一转换点 E_λ 后，让电势以数值相同但符号相反的速率进行扫描，即扫描电势呈三角波形，在此条件下测定电极电流的变化规律。由于三角波的扫描终点电极电势又回复到起始电势值，所以称这种方法为循环伏安法。由于循环伏安法是在正向扫描到某一电势后紧接着进行反向扫描，此时电极反应也迅速由正向向逆向进行，反应物与产物的扩散来不及进行，所以能更多地反映复杂电极的电化学信息[55]。

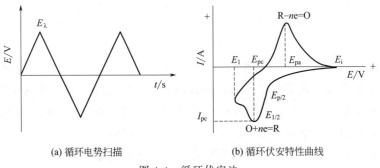

(a) 循环电势扫描　　　　　(b) 循环伏安特性曲线

图 4-4　循环伏安法

图 4-4（b）是一典型循环伏安特性曲线。其正向扫描为阳极过程，反向扫描为阴极过程。在开始一段时间里，负向扫描的起始电势较正，所以电极上只有很小的双电层电流，当电势增达到某一值 E_i 时，开始发生电化学反应。其中 O 代表氧化态，R 代表还原态。

$$O + ne \longrightarrow R \tag{4-11}$$

反应物在电极表面被还原，电极表面附近反应物的浓度降低，引起电极表面的扩散电流增大，电流随电势的变化速率明显变快，伏安曲线呈上升趋势。当电极电势显著超过 E_i 而达到某值时，电极表面的电化学反应速度增快，溶液本体中反应物向电极表面附近扩散的过程将跟不上反应物在电极表面的消耗，于是电极表面反应物的浓度急剧下降直至趋于零，过程完全受扩散步骤控制，此时扩散电流达到最大值，即达到阴极峰值电流 I_{pc}。此后随着电势进一步向负值方向增大，电极极化加剧，扩散层的厚度不断增加而使电流衰减，因而得到了具有峰值的电流—电势曲线。当扫描电势达到三角波的顶点时，换向为反向扫描，电极电势的负值线性减小，即向正值方向移动。此时电极附近积聚的还原产物 R 随电势的变化而逐渐被氧化，其过程与负向扫描类似，整个扫描过程形成一个循环曲线。

在熔盐电化学研究中，应用最多的就是循环伏安曲线，主要用于研究熔盐中各金属离子在阴极的还原和阳极的氧化情况，观察在已定电位范围内有哪些金属离子发生了氧化还原反应等。

循环伏安法是一种很有用的电化学研究方法，可用于电极反应的性质、机理和电极过程动力学参数的研究；也可用于定量确定反应物浓度，电极表面吸附物的覆盖度，电极活性面积以及电极反应速率常数、交换电流密度，反应的传递系数等动力学参数。

1）电极可逆性的判断

循环伏安法中电压的扫描过程包括阴极与阳极两个方向，因此从所得的循环伏安法图的氧化波和还原波的峰高和对称性中可判断电活性物质在电极表面反应的可逆程度。若反应是可逆的，则曲线上下对称，若反应不可逆，则曲线上下不对称。

2）电极反应机理的判断

循环伏安法还可研究电极吸附现象、电化学反应产物、电化学—化学偶联反应等，对于有机物、金属有机化合物及生物物质的氧化还原机理研究很有用[56]。

用途：

a. 判断电极表面微观反应过程。

b. 判断电极反应的可逆性。

c. 作为无机制备反应"摸条件"的手段。

d. 为有机合成"摸条件"。

e. 前置化学反应（CE）的循环伏安特征。

f. 后置化学反应（EC）的循环伏安特征。

g. 催化反应的循环伏安特征。

本实验将利用循环伏安法测定熔盐电解质中各离子开始发生氧化还原反应时对应的电位（即熔盐电解质开始分解的电位），得出熔盐电解质的电化学窗口，从而为后续在熔盐介质电化学窗口之内进行碳化钨的氧化溶解和钨的还原析出提供实验基础。

（3）实验设备

1）设备名称

a. Thermcraft 裂开式真空管式加热炉；

b. PARSTAT4000 电化学工作站；

c. Edwards 旋叶真空泵；

d. 循环冷却器；

e. 多功能万用表；

f. 外径 ϕ60mm 刚玉坩埚一个；

g. 直径 ϕ0.5mm 铂丝工作电极（WE）和参比电极（RE）各 1 根；直径 ϕ6mm 石墨棒辅助电极（CE）1 个。

2）设备简介

① 真空管式加热炉（如图 4-5 所示）

a. 产品特色。

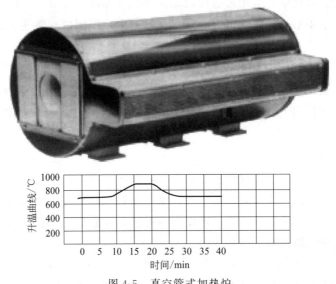

图 4-5 真空管式加热炉

a）多用途：所有单区 MARSHALL 炉均将分接头作为标准配置，可以通过不同的分接头连接实现恒温、变温、梯度温度曲线。最高操作温度为 1100～1700℃。

b）均一性：最高可达到 ±1℃。

c）选择灵活：选用单区或多区，可以配合支架垂直使用。

d）加固型设计：免维护，能够抵抗磨损铬表面外壳，确保常年使用。

e）可实现全加热区温度监控：1/4″的热电偶专用测试孔，可以进行全加热区温度监控。

f）可选加热管外径：1.5″～7″，加热管长度：12″～36″。

g）使用方便：无外露的接线头，外壳表面温度低。

h）可选配置：真空或气氛装置可选。

i）多区线圈：定做不同的分接头，以满足要求的温度曲线。

j）热电偶孔：可以按照要求添加热电偶孔。

k）视窗选项：1/4″视窗可以安装在密封法兰上。

l）温度冲击试验装置：安装气冷或水冷装置后，达到快速降温实验条件。

b. 技术参数

MARSHALL 管式炉专为对恒温区温度精度、长度有严格要求的用户设计，同时还可以实现温度梯度设置。

可选最高温度范围：1100～1700℃。

c. 主要特点

a）独特的并联分接头操作设计实现梯度温度曲线。

b）分接头的数量通常取决于恒温区的长度和可允许的温度变化。

c）安装合适长度的加热元件从一个分接头到另一个分接头，就构造出几组并联的电路，对阻值低的分接头之间会导致大的温度降低，而对阻值高的分接头之间影响很小，这样通过不同的分接头的连接可以实现不同要求的温度梯度。

② PARSTAT4000 电化学工作站

PARSTAT 4000 电化学工作站是普林斯顿应用研究集 50 年品牌历史和专业制造经验研制的最新一款高端研究级电化学工作站系统，满足应用学科中研究人员现在和未来的需求。

PARSTAT 4000 电化学工作站可应用于研究电化学、腐蚀和涂层、电池/超级电容器、燃料电池/太阳能电池、传感器、生物医学应用和纳米科技等领域。提供更高的测试速度，多功能性和精度。

特点：

a. ＋／－48V 高槽压。

b. ＋／－4A 标配大电流输出（最大可扩展至＋／－20A）。

c. 40pA 最小电流量程，分辨率达 1.2fA。

d. $10\mu Hz$～5MHz 阻抗测试。

e. $1\mu S$ 高速采样，仪器内置 4M 缓存，以防数据丢失。

f. 小电流选件，可达 80fA 最小量程，2.5nA 最小电流分辨率。

g. 带有标准接地浮置功能。

③ Edwards 旋叶真空泵

世界第一台双模式真空泵，满足了用户高极限真空下高抽量的要求。其独特的双模式方式使一台泵既可以实现大抽量又可以实现良好真空。该泵具有性能独特、极限真空高、抽气量高低可选、噪声水平低、应用范围广等特点。

RV 系列泵的真空范围从大气压到约 0.002mbar。RV 系列真空泵有四种型号可选，分别为 RV3、RV5、RV8、RV12。

主要特点：

a. 空气排出彻底，噪声小。

b. 稳定可靠性强。

c. 易于使用和维护。

④ 循环冷却器（如图 4-6 所示）

a. 技术参数：

a）温度范围：5～35℃；

b）控温精度：温精度：±0.2℃；

c）制冷量：20℃时 300W；

图 4-6　循环冷却器

d）水箱容积：4L；

e）循环泵最大压力：0.8bar；

f）循环泵最大流量：15L/min；

g）仪器接口尺寸：1/2″NPT；

h）仪器外形尺寸：W230″；

i）仪器重量：30kg。

b. 主要特点：

a）全封闭制冷系统，工作稳定，性能可靠；

b）数字显示及控制，控温精度高，温度均匀；

c）微处理器 PID 智能算法，带学习功能，更好适合用户的需求；

d）采用超静音循环水泵，整机工作安静，噪声小；

e）高性能的制冷系统和泵循环系统，适合长时间连续工作；

f）封闭式水箱和管路结构，避免冷却液污染和氧化；

g）标准不锈钢进出水接口，可配多种接头或软管，外接闭路循环；

h）实时显示工作状态和报警状态；

i）可选配加装 RS-485 通信，便于连接上位机；

j）温度校准方便。

c. 其他说明：

a）温度控制精密，应用配套量热仪、折光仪、密度检测仪；

b）应用配合黏度测定使用，十分方便；

c）为质量控制提供恒温源，应用于食品、饮料和电子研究；

d）生物技术领域，应用于电泳槽的恒温冷却；

e）应用于小型激光器的精密恒温；

f）应用于医疗康复。

⑤ 多功能万用表

万用表是一种带有整流器的，可以测量交、直流电流、电压及电阻等多种电学参量的磁电式仪表。对于每一种电学量，一般都有几个量程，又称多用电表或简称多用表。万用表是由磁电系电流表（表头）、测量电路和选择开关等组成的。通过选择开关的变换，可方便地对多种电学参量进行测量。其电路计算的主要依据是闭合电路欧姆定律。万用表种类很多，使用时应根据不同的要求进行选择。

万用表的基本原理是利用一只灵敏的磁电式直流电流表（微安表）做表头。当微小电流通过表头，就会有电流指示。但表头不能通过大电流，所以，必须在表头上并联与串联一些电阻进行分流或降压，从而测出电路中的电流、电压和电阻。万用表由表头、测量电路及转换开关等三个主要部分组成。

万用表是电子测试领域最基本的工具，也是一种使用广泛的测试仪器。万用表又叫多用表、三用表（即电流、电压、电阻三用）、复用表、万能表，万用表分为指针式万用表和数字万用表，还有一种带示波器功能的示波万用表，是一种多功能、多量程的测量仪器。一般万用表可测量直流电流、直流电压、交流电压、电阻和音频电平等，有的还可以测交流电流、电容量、电感量、温度及半导体（二极管、三极管）的一些参数。数字式万用表已成为主流，已经取代模拟式仪表。与模拟式仪表相比，数字式仪表灵敏度高、精确度高、显示清晰、过载能力强、便于携带，使用也更方便简单。

使用方法：

a. 使用前应熟悉万用表各项功能，根据被测量的对象，正确选用挡位、量程及表笔插孔。

b. 在对被测数据大小不明时，应先将量程开关置于最大值处，而后由大量程往小量程挡处切换，使仪表指针指示在满刻度的1/2以上处即可。

c. 测量电阻时，在选择了适当倍率挡后，将两表笔相碰使指针指在零位，如指针偏离零位，应调节"调零"旋钮，使指针归零，以保证测量结果准确。如不能调零或数显表发出低电压报警，应及时检查。

d. 在测量某电路电阻时，必须切断被测电路的电源，不得带电测量。

e. 使用万用表进行测量时，要注意人身和仪表设备的安全，测试中不得用手触摸表笔的金属部分，不允许带电切换挡位开关，以确保测量准确，避免发生触电和烧毁仪表等事故。

⑥ 刚玉坩埚

刚玉坩埚，学名氧化铝坩埚，通常我们把氧化铝含量超过95％以上的坩埚称为刚玉坩埚。

a. 应用：刚玉坩埚由多孔熔融氧化铝组成，质坚而耐熔。

刚玉坩埚适于用无水 Na_2CO_3 等一些弱碱性物质作熔剂熔融样品，不适于用 Na_2O_2、$NaOH$ 等强碱性物质和酸性物质作熔剂（如 $K_2S_2O_7$ 等）熔融样品。

刚玉坩埚的特性：耐高温、不耐酸碱、耐急冷急热、耐化学腐蚀。

刚玉坩埚的形状：弧形、圆柱形。

刚玉坩埚的规格：5～1000mL。

b. 产品性能：刚玉坩埚在氧化和还原气氛中，具有良好的高温绝缘性和机械强度，导热率大，热膨胀率小。在1700℃以上与空气、水蒸气、氢气、一氧化碳等不起反应。在温场温度变化不大的情况下可以长期使用。

99.70％刚玉：适用温度范围1650～1700℃，短期最高使用温度1800℃。

99.35％刚玉：适用温度范围1600～1650℃，短期最高使用温度1750℃。

85.00％高铝：适用温度范围1290～1350℃，短期最高使用温度1400℃。

（4）实验药品

a. 氯化钠：分析纯，纯度不低于99.5％，北京化学试剂公司；

b. 氯化钾：分析纯，纯度不低于99.5％，北京化学试剂公司。

（5）实验要求

a. 实验前按照指导书预习，根据实验任务书要求起草实验方案。

b. 根据实验安排的时间按时进入实验室进行熔盐介质的电化学窗口测试实验。

c. 实验前认真检查实验仪器和设备是否完好，发现问题及时报告指导教师解决或补充。实验严格按照规程操作，观察实验现象、做好实验记录。实验完毕后清理实验台面，经指导教师许可后方可离开实验室。

d. 遵守实验室制度，注意安全，爱护仪器设备，节约水电原材料，保持环境清洁。

（6）实验步骤

a. 电极的预处理：将铂丝工作电极和参比电极在 3000 号金相砂纸上轻轻擦拭光亮，用酒精棉擦洗干净后晾干备用。石墨棒辅助电极用砂纸和滤纸擦拭光亮后备用。

b. 正确操作电子天平，称取 0.5mol NaCl 和 0.5mol KCl 分析纯试剂混合均匀后置于刚玉坩埚中用锡箔纸密封备用。

c. 将刚玉坩埚置于真空管式加热炉恒温区域段，安装工作电极、辅助电极、参比电极，组装管式炉，检查气密性完好后真空缓慢升温至 300℃，真空脱水 3h。然后于氩气保护性气氛中升温至 750℃并保温 30min。图 4-7 所示为实验装置示意图，图 4-8 所示为铂丝电极和石墨电极示意图。

d. 用万能表分别两两连接铂丝工作电极、石墨辅助电极、铂丝参比电极，将三电极插入熔盐电解质，浸入深度分别为 5mm、10mm、5mm，稳定 20min 后将三电极连接电化学工作站。

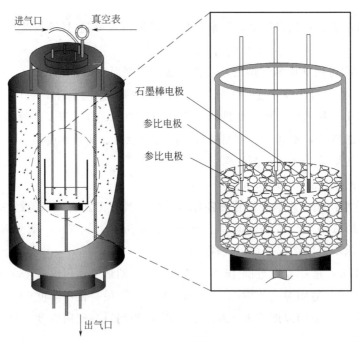

图 4-7　实验装置

e. 打开计算机，打开 PARSTAT4000 电化学工作站，打开 VersaStudio. exe 软件。选择 experiment \ new \ Technique Actions 中的 Open Circuit，弹出如图 4-9 所示界面，设置参数：

Time per point（s）：1；

　duration（s）：300 或者更大；

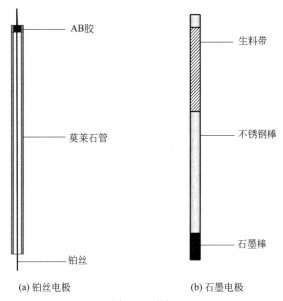

(a) 铂丝电极　　　　(b) 石墨电极

图 4-8　电极

current range：2A。

测试不施加电压到工作电极时工作电极相对于参比电极的开路电位，直至开路电位
稳定（电位波动小于 3mV）。

Scan Properties	Value	Instrument Properties	Value	Limits	Direction	Value
Time Per Point (s)	1	Current Range	2mA	None	≤	0
Duration (s)	10	Acquisition Mode	Auto			
Drift Rate (mV/min)	0	Electrometer Mode	Auto	Cell Properties	Value	
Total Points	10	E Resolution	Auto	Cell to Use	External	
		E Filter	Auto			
		I Filter	Auto			
		Bandwidth Limit	Auto			
		LCI Bandwidth Limit	Auto			

Properties for Open Circuit

图 4-9　开路电位参数设置界面

f. 熔盐电解质电化学窗口的测试：待开路电位稳定后，记录并保存数据。选择
experiment \ new \ Technique Actions 中的 Cyclic Voltammetry（multiple cycles），弹
出如图 4-10 所示界面，设置参数：

Initial Potential（V）：0 vs OC；

Vertex1 Potential（V）：1vs Ref（根据实验具体情况逐步扩大电势扫描范围）；

Vertex2 Potential（V）：−1vs Ref（根据实验具体情况逐步扩大电势扫描范围）；

Final Potential（V）：0 vs OC；

Scan Rate（V/s）：0.05；

Cycles：3。

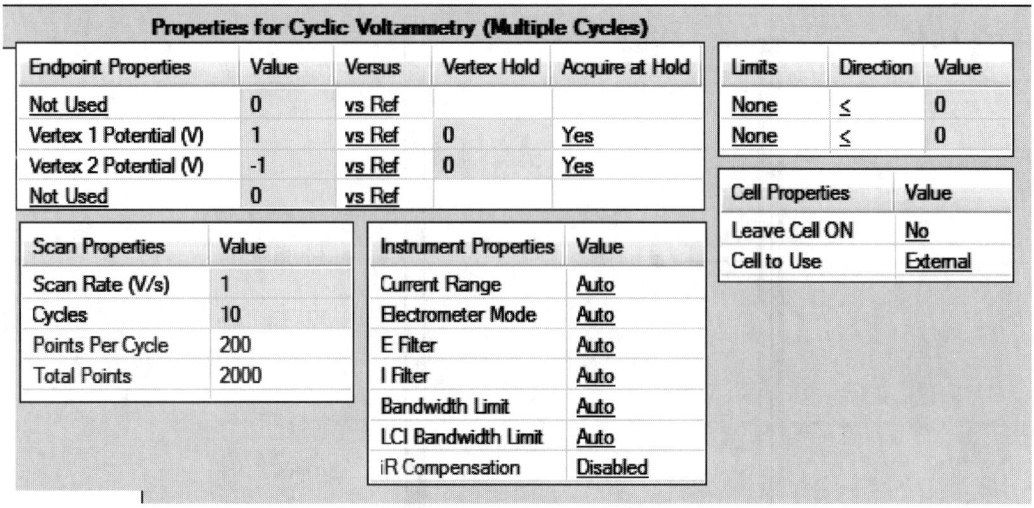

Properties for Cyclic Voltammetry (Multiple Cycles)							
Endpoint Properties	Value	Versus	Vertex Hold	Acquire at Hold	Limits	Direction	Value
Not Used	0	vs Ref			None	≤	0
Vertex 1 Potential (V)	1	vs Ref	0	Yes	None	≤	0
Vertex 2 Potential (V)	-1	vs Ref	0	Yes			
Not Used	0	vs Ref			Cell Properties		Value
Scan Properties	Value	Instrument Properties		Value	Leave Cell ON		No
Scan Rate (V/s)	1	Current Range		Auto	Cell to Use		External
Cycles	10	Electrometer Mode		Auto			
Points Per Cycle	200	E Filter		Auto			
Total Points	2000	I Filter		Auto			
		Bandwidth Limit		Auto			
		LCI Bandwidth Limit		Auto			
		iR Compensation		Disabled			

图 4-10　循环伏安参数设置界面

其中开关电位 Vertex1 Potential 和 Vertex2 Potential 的参数设置，其范围应由小到大进行，例如：由 0.5V 至 −0.5V→1.0V 至 −1.0V→1.5V 至 −1.5V。扫描速率 Scan Rate 视具体实验而定。

g. 循环伏安测试结束后，保存数据，关闭工作站，将电极拔出熔盐介质，把真空管式加热炉温度降至室温。将数据导入至 Origin8 等相关软件进行处理，确定熔盐电解质体系的电化学窗口范围。

(7) 注意事项

a. 实验过程中注意必要的防护措施，佩戴口罩、手套，穿着实验服。

b. 电化学实验中电极预处理非常重要，电极一定要处理干净，否则误差较大。

c. 本实验中缠绕的绝缘胶带不能破裂，否则将造成实验短路，导致错误结果。

d. 电极夹与电极连接处、电极线之间连接处要检查是否连接牢固。

e. 整个电化学测试过程中，测试环境要尽量避免周围其他电信号的干扰。

(8) 思考与讨论

a. 为什么相关的电化学实验要在熔盐介质电化学窗口之内进行？

b. 为什么称量的 NaCl 和 KCl 熔盐电解质的摩尔比要控制为 1:1？

c. 影响熔盐介质电化学窗口宽窄的因素有哪些？

4.3　废硬质合金溶解电位测定实验（阳极极化法）

(1) 实验目的

废硬质合金在熔盐电解的时候需要一定的电压才能在阳极上溶解析出，通过电化学检测能够确定阳极溶解电位。本实验的目的是理解并掌握阳极极化曲线测定的实验原理，学会电化学工作站中极化曲线的测定方法；通过 WC 阳极极化曲线的测定，确定

WC 发生电化学溶解的电极电位。

（2）实验原理

1）极化现象

将一种金属（电极）浸在电解液中，金属与溶液之间就会形成电位，这种电位称为该金属在该溶液中的电极电位。在研究可逆电池反应时，电极上几乎没有电流通过，每个电极反应都是在无限接近于平衡状态下进行的，因此电极反应是可逆的。当有电流通过电池时，电极的平衡状态被打破，此时电极反应处于不可逆状态，随着电极上电流密度增加，电极反应的不可逆程度也随之增大。在有电流通过电极时，由于电极反应的不可逆而使电极电位偏离平衡值的现象称为电极的极化。根据实验测出的数据描述电流密度 i 与电极电位 φ 之间关系的曲线称为极化曲线，图 4-11 所示为一典型的阳极极化曲线。

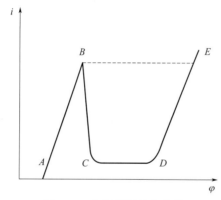

图 4-11　金属阳极极化曲线

A～B—活性溶解区；B—临界钝化点；B～C—过渡钝化区；C～D—稳定钝化区；D～E—超（过）钝化区

金属的阳极过程是指金属作为阳极时，在一定的外电势下发生的阳极溶解过程，如式（4-12）所示。

$$M \rightarrow M^{n+} + ne \tag{4-12}$$

此过程只有在电极电势正于其热力学电势时才能发生。阳极的溶解速度随电位变正而逐渐增大，这是正常的阳极溶出，而当阳极电势正到某一数值时，其溶解速率达到最大值，此后阳极溶解速率随电势变正反而大幅度降低，这种现象称为金属的钝化现象。图 4-11 中曲线表明，从 A 点开始，随着电位向正方向移动，电流密度也随之增加，电势超过 B 点后，电流密度随电势增加迅速减至最小，这是因为在金属表面生产了一层电阻高、耐腐蚀的钝化膜。B 点对应的电势称为临界钝化电势，对应的电流称为临界钝化电流。电势到达 C 点以后，随着电势的继续增加，电流却保持在一个基本不变的很小的数值上，该电流称为维钝电流，直到电势升到 D 点，电流才又随着电势的上升而增大，表示阳极又发生了氧化，可能是高价金属离子产生，DE 段称为过钝化区。

2）阳极极化曲线的测定

测量极化曲线的方法有两种：控制电流法（也叫恒电流法）与控制电势法（也叫恒电位法）。

控制电流法是控制研究电极上的电流密度依次恒定在不同的数值，同时测定相应的稳定电极电势值。采用控制电流法测定极化曲线时，由于种种原因，给定电流后，电极电势往往不能立即达到稳态，不同体系的电势趋于稳态所需要的时间也不相同，因此在实际测量时一般电势接近稳定（如 $1\sim3\text{min}$ 内无大的变化）即可读值，或人为自行规定每次电流恒定的时间。

控制电势法是通过改变研究电极的电极电势，然后测量一系列对应于某一电势下的电流值。由于电极表面状态在未建立稳定状态前，电流会随时间改变，故一般测出的曲线为"暂态"极化曲线。在实际测量中，常采用的控制电位测量方法有以下两种。

① 静态法

将电极电势较长时间地维持在某一数值，同时测量电流随时间的变化，直到电流值基本上达到某一稳定值。如此逐点地测量一系列各个电极电势下的稳定电流值，以获得完整的极化曲线。对某些体系来说，达到稳态可能需要很长时间，为节省时间，提高测量重现性，人们往往自行规定每次电势恒定的时间。

② 动态法

控制电极电势以较慢的速度连续地改变（扫描），并测量对应电位下的瞬时电流值，以瞬时电流与对应的电极电势作图，获得整个的极化曲线。一般来说，电极表面建立稳态的速度越慢，则电位扫描速度也越慢。因此对不同的电极体系，扫描速度也不相同。为测得稳态极化曲线，人们通常依次减小扫描速度测定若干条极化曲线，当测至极化曲线不再明显变化时，可确定此扫描速度下测得的极化曲线即为稳态极化曲线。同样，为节省时间，对于那些只是为了比较不同因素对电极过程影响的极化曲线，则选取适当的扫描速度绘制准稳态极化曲线就可以了。

上述两种方法都已经获得了广泛应用，尤其是动态法，由于可以自动测绘，扫描速度可控制一定，因而测量结果重现性好，特别适用于对比实验。

本实验将采用动态电位扫描法测定 WC 阳极极化曲线，通过顺次改变扫描速率测定若干条极化曲线，直至曲线不再发生明显变化，即取此扫描速率下对应的极化曲线为稳态极化曲线。在稳态极化曲线斜率开始迅速增大的区间段内选择一个合适电位，从而确定为 WC 阳极恒压电解时的阳极溶解电位[53,54,57]。

（3）实验设备

a. Thermcraft 裂开式真空管式加热炉；

b. PARSTAT4000 电化学工作站；

c. Edwards 旋叶真空泵；

d. 循环冷却器；

e. 多功能万用表；

f. 外径 $\phi60\text{mm}$ 刚玉坩埚一个；

g. 直径 $\phi0.5\text{mm}$ 铂丝参比电极（RE）1 根，
直径 $\phi6\text{mm}$ 石墨棒辅助电极（CE）1 个。

（4）实验药品

a. 碳化钨块：$3\text{mm}\times3\text{mm}\times10\text{mm}$；

b. 氯化钠：分析纯，纯度≥99.5％，北京化学试剂公司；

c. 氯化钾：分析纯，纯度≥99.5％，北京化学试剂公司。

（5）实验要求

a. 实验前按照指导书预习，根据实验任务书要求起草实验方案。

b. 根据实验安排的时间按时进入实验室进行废硬质合金溶解电位测定实验。

c. 实验前认真检查实验仪器和设备是否完好，发现问题及时报告指导老师解决或补充。实验严格按照规程操作，观察实验现象、做好实验记录。实验完毕后清理实验台面，得到指导老师许可后方可离开实验室。

d. 遵守实验室制度，注意安全，爱护仪器设备，节约水电原材料，保持环境清洁。

（6）实验步骤

a. WC 阳极的预处理：表面用金刚石磨盘将 WC 块（3mm×3mm×10mm）打磨平整光亮，用酒精棉擦拭干净后晾干备用。

b. 参比电极的预处理：将铂丝参比电极在 3000 号金相砂纸上轻轻擦拭光亮，用酒精棉擦洗干净后晾干备用。石墨棒辅助电极用砂纸和滤纸擦拭光亮后备用。

c. 正确操作电子天平，称取 0.5mol NaCl 和 0.5mol KCl 分析纯试剂混合均匀后置于刚玉坩埚中用锡箔纸密封备用。

d. 将刚玉坩埚置于真空管式加热炉恒温区域段，以 WC 为工作电极，石墨棒为辅助电极，铂丝为参比电极，组装管式炉，检查气密性完好后真空缓慢升温至 300℃，真空脱水 3h。然后于氩气保护性气氛中升温至 750℃并保温 30min。

e. 用万能表分别两两连接工作电极、辅助电极、参比电极，将三电极插入熔盐电解质，插入深度分别为 3mm、10mm、5mm，稳定 20min 后将三电极连接电化学工作站。

f. 开路电位的测定：打开 PARSTAT4000 电化学工作站，打开 VersaStudio.exe 软件。选择菜单栏 experiment \ new \ Technique Actions 中的 Open Circuit，弹出如图 4-12 所示界面，设置参数：

Time per point（s）：1。

duration（s）：300 或者更大。

Properties for Open Circuit							
Scan Properties	Value		Instrument Properties	Value		Limits	Direction	Value
Time Per Point (s)	1		Current Range	2mA		None	≤	0
Duration (s)	10		Acquisition Mode	Auto				
Drift Rate (mV/min)	0		Electrometer Mode	Auto		Cell Properties	Value	
Total Points	10		E Resolution	Auto		Cell to Use	External	
			E Filter	Auto				
			I Filter	Auto				
			Bandwidth Limit	Auto				
			LCI Bandwidth Limit	Auto				

图 4-12　开路电位参数设置界面

current range：2A。

测试不施加电压到工作电极时工作电极相对于参比电极的开路电位，直至开路电位稳定（电位波动小于3mV）。

g. WC阳极极化曲线（动态电位扫描法）参数设置：待开路电位稳定后，记录并保存数据。选择 experiment \ new \ Technique Actions 中的 Linear Scan Voltammetry，弹出如图4-13所示界面，设置参数：

Initial Potential（V）：0 vs OC。

Final Potential（V）：1vs Ref（具体依据熔盐介质电化学窗口范围进行设定）。

Scan Rate（V/s）：0.025。

Current range：2A。

h. 依次减小步骤g中扫描速率，测定若干条极化曲线，直至测得的极化曲线不再发生明显变化。保存数据，关闭工作站，将电极拔出熔盐介质，调节控温仪，将真空管式加热炉温度降至室温。

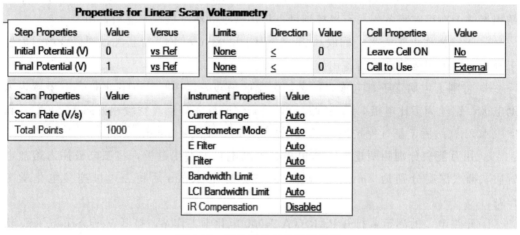

图4-13　极化曲线参数设置界面

（7）注意事项

a. 实验过程中注意必要的防护措施，佩戴口罩、手套，穿着实验服。

b. 电化学实验中电极预处理非常重要，电极一定要处理干净，否则误差较大。

c. 本实验中缠绕的绝缘胶带不能破裂，否则将造成实验短路，导致错误结果。

d. 连接电路时，电极夹与电极连接处、电极线之间连接处要检查是否连接牢固。

e. 整个电化学测试过程，测试环境要尽量避免周围其他电信号的干扰。

f. 测定不同扫描速率下阳极极化曲线时，每次实验之前需要重新测定开路电位，待其稳定后，方可进行下一步极化曲线的测试。

（8）思考与讨论

a. 实验中不同扫描速率下得到的阳极极化曲线是否相同？区别在哪里？

b. 施加不同电极电位对WC阳极的溶解速率有何影响？

4.4 熔盐体系中钨、钴离子浓度测定实验

(1) 实验目的

废硬质合金在熔盐电解的时候熔盐中必须包含一定浓度的钨离子和钴离子，否则电解过程不能正常进行。掌握计时电流法的实验原理，学会电化学工作站中计时电流法的测定方法；理解电感耦合等离子体发射光谱仪定量分析元素浓度的基本原理，通过电感耦合等离子体光谱仪测定出电解一定时间后熔盐体系中的钨（配）离子浓度。

(2) 实验原理

1) 计时电流法实验原理

计时电流法（chronoamperometry）是一种控制电位的暂态测量方法，该方法是在电极上施加一个电位，使电极电位由初始电位 E_1（也可以为零值）突然阶跃到 E_2，使溶液中某种电活性物质发生氧化或还原反应，然后记录电流随时间的变化情况，如图 4-14 所示。

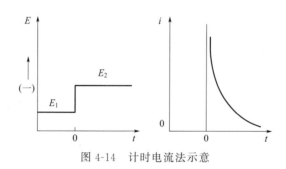

图 4-14　计时电流法示意

以 $O+ne \longrightarrow R$ 反应为例进行说明，施加在电极上的恒电势 E 引起电活性物质 O 以恒定的速度还原成产物 R，此过程在电位阶跃瞬间发生，需要很大的电流，随后流过的电流用于保持电极表面 O 能够被完全还原。初始的还原在电极表面和本体溶液间形成浓度梯度（即浓差），引起本体溶液中的 O 开始不断地向电极表面扩散，并且扩散到电极表面的 O 立即被完全还原。扩散流量（即电流），正比于电极表面的浓度梯度。随着反应的进行，本体溶液中的 O 向电极表面不断扩散，使浓度梯度区向本体溶液延伸变厚，电极表面浓度梯度逐渐减小（贫化），电流也逐渐变小，当扩散达到平衡状态时，电流不再有明显的变化。

产生历史：1922 年 J. 海洛夫斯基在发明极谱法的同时重新强调了计时电流法，它可以采用极谱仪的基本线路。但要连接快速记录仪或示波器，不用滴汞电极，而用静止的悬汞、汞池或铂、金、石墨等电极，也不搅动溶液。在大量惰性电解质存在的情况下，传质过程主要是扩散。

1902 年美国 F.G. 科特雷耳根据扩散定律和拉普拉斯变换，对一个平面电极上的线性扩散作了数学推导，得到科特雷耳方程：

$$i_1 = \frac{nFAD^{1/2}c_0}{(\pi t)^{1/2}} \tag{4-13}$$

式中，i_1 为极限电流；F 为法拉第常数；n 为电极反应的电子转移数；A 为电极面积；c_0 为活性物在溶液中的初始摩尔浓度；D 为活性物的扩散系数；t 为电解时间。

当时间趋于无穷大时，电流趋近于零，这是因为电极表面活性物的浓度由于电解而逐渐减小。利用 i_1 或 $i_1 t_{1/2}$ 与 c_0 成正比的关系，可用于定量分析，但由于此法不如极谱法准确和重现性好，所以实际上很少应用。因为是一个常数，所以 $i_1 t_{1/2}$ 对 t 作图得一不随 t 变化的直线。

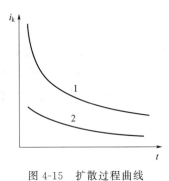

图 4-15　扩散过程曲线

科特雷耳方程适用于扩散过程（如图 4-15 中曲线 1），如果电极反应不可逆或伴随化学反应，则动力电流 i_k 随时间 t 的变化如图 4-15 中曲线 2，它受反应速率常数的控制。

计时电流法常用于电化学研究，即电子转移动力学研究。近年来还有采用两次电位突跃的方法，称为双电位阶的计时电流法。第一次突然加一电位，使发生电极反应，经很短时间的电解，又跃回原来的电位或另一电位处，此时原先的电极反应产物又转变为它的原始状态，从而可以在 i-t 曲线上更好地观察动力学的反应过程；并从科特雷耳方程出发，考虑反应速率，进行数学推导和作图，求出反应速率常数。

2) 电感耦合等离子体发射光谱实验原理

电感耦合等离子体发射光谱（inductively coupled plasma-optical emission spectrometry，ICP-OES）是原子核外价电子受到激发跃迁到激发态，再由高能态回到较低的能态或基态时，以辐射的形式放出其激发能而产生光谱。

① 定性分析原理

原子或离子可处于不连续的能量状态，该状态可以光谱项来描述。当处于基态的气态原子或离子吸收了一定的外界能量时，其核外电子就从一种能量状态（基态）跃迁到另一能量状态（激发态），设低能级的能量为 E_1，高能级的能量为 E_2，发射光谱的波长为 λ（或频率 ν），则电子能级跃迁释放出的能量 ΔE 与发射光谱的波长关系为式(4-14)：

$$\Delta E = E_2 - E_1 = h\nu = hc/\lambda \tag{4-14}$$

处于激发态的原子或离子很不稳定，经约 10^{-8} s 便跃迁返回基态，并将激发所吸收的能量以一定的电磁波辐射出来。将这些电磁波按一定波长顺序排列即为原子光谱（线状光谱）。由于原子或离子的能级很多并且不同元素的结构是不同的，因此，对特定元素的原子或离子可产生一系列不同波长的特征光谱，通过识别待测元素的特征谱线是否存在进行定性分析。

② 定量分析原理

ICP 定量分析元素浓度的依据是 Lomakin-Scherbe 公式，见式（4-15）。

$$I = aC^b \tag{4-15}$$

式中，I 为谱线强度；C 为待测元素的浓度；a 为常数；b 为分析线的自吸收系数，一般情况下 $b \leqslant 1$，b 与光源特性、待测元素含量、元素性质及谱线性质等因素有关，在 ICP 光源中，多数情况下 $b \approx 1$。

③ 电感耦合等离子体火炬形成原理

当高频发生器接通电源后，高频电流 I 通过感应线圈产生交变磁场。开始时，管内为 Ar 气，不导电，需要用高压电火花触发，使气体电离后，在高频交流电场的作用下，带电粒子高速运动、碰撞，形成"雪崩"式放电，产生等离子体气流。在垂直于磁场方向将产生感应电流，其电阻很小，电流很大（数百安），产生高温，将气体加热、电离，在管口形成稳定的等离子体火炬，如图 4-16 所示。

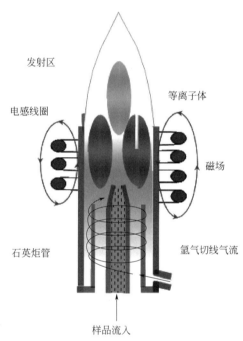

图 4-16　电感耦合等离子体火炬形成原理

本实验以 WC 为工作电极，依据实验二中由阳极极化曲线确定出的 WC 溶解电位，对 WC 施加相应电极电位恒压电解，记录电流—时间曲线。对电解 2h 后的熔盐体系进行取样，利用 ICP-OES 检测试样中的钨（配）离子浓度。

(3) 实验设备

a. Thermcraft 裂开式真空管式加热炉；

b. PARSTAT4000 电化学工作站；

c. Edwards 旋叶真空泵；

d. 循环冷却器；

e. 多功能万用表；

f. 外径 $\phi60mm$ 刚玉坩埚一个；

g. 直径 $\phi0.5mm$ 铂丝参比电极（RE）1 根，

直径 $\phi6mm$ 不锈钢棒辅助电极（CE）1 个。

（4）实验药品

a. 碳化钨块：$3mm\times3mm\times10mm$；

b. 氯化钠：分析纯，纯度不低于 99.5%，北京化学试剂公司；

c. 氯化钾：分析纯，纯度不低于 99.5%，北京化学试剂公司。

（5）实验要求

a. 实验前按照指导书预习，根据实验任务书要求起草实验方案。

b. 根据实验安排的时间按时进入实验室进行熔盐体系中钨（配）离子浓度测定实验。

c. 实验前认真检查实验仪器和设备是否完好，发现问题及时报告指导教师解决或补充。实验严格按照规程操作，观察实验现象、做好实验记录。实验完毕后清理实验台面，经指导教师许可后方可离开实验室。

d. 遵守实验室制度，注意安全，爱护仪器设备，节约水电原材料，保持环境清洁。

（6）实验步骤

WC 阳极的预处理：将 WC 块（$3mm\times3mm\times10mm$）表面用金刚石磨盘打磨平整光亮，用酒精棉擦拭干净后晾干备用。

a. 参比电极的预处理：将铂丝参比电极在 3000 号金相砂纸上轻轻擦拭光亮，用酒精棉擦洗干净后晾干备用。不锈钢棒辅助电极用砂纸和酒精棉擦拭光亮后备用。

b. 正确操作电子天平，称取 0.5mol NaCl 和 0.5mol KCl 分析纯试剂混合均匀后置于刚玉坩埚中用锡箔纸密封备用。

c. 将刚玉坩埚置于真空管式加热炉恒温区域段，以 WC 为工作电极、不锈钢棒为辅助电极、铂丝为参比电极，组装管式炉，检查气密性完好后真空缓慢升温至 300℃，真空脱水 3h。然后于氩气保护性气氛中升温至 750℃并保温 30min。

d. 用万能表分别两两连接工作电极、辅助电极、参比电极，将三电极插入熔盐电解质，浸入深度分别为 3mm、10mm、5mm，稳定 20min 后将三电极连接电化学工作站。

e. 开路电位的测定：打开 PARSTAT4000 电化学工作站，打开 VersaStudio. exe 软件。选择菜单栏 experiment \ new \ Technique Actions 中的 Open Circuit，弹出如图 4-17 所示界面，设置参数：

Time per point（s）：1。

duration（s）：300 或者更大。

current range：2A。

测试不施加电压到工作电极时工作电极相对于参比电极的开路电位，直至开路电位稳定（电位波动小于 3mV）。

f. WC 阳极恒压电解（计时电流法）的参数设置：待开路电位稳定后，记录并保存数据。选择 experiment \ new \ Technique Actions 中的 chronoamperometry，弹出如

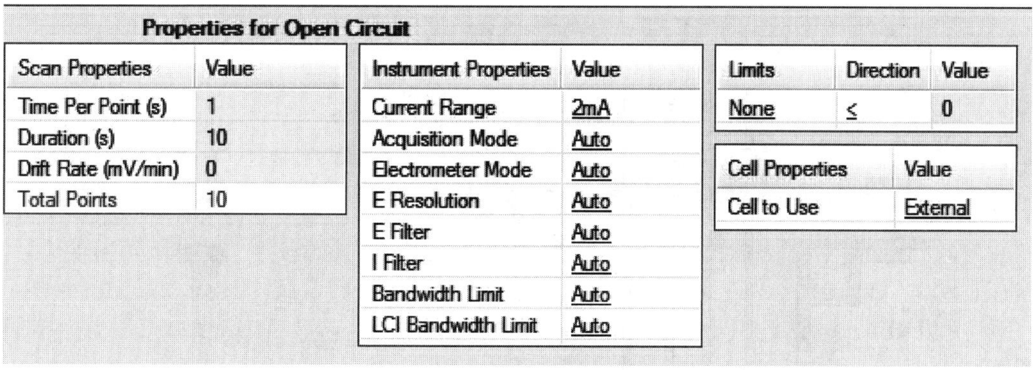

Properties for Open Circuit

Scan Properties	Value		Instrument Properties	Value		Limits	Direction	Value
Time Per Point (s)	1		Current Range	2mA		None	≤	0
Duration (s)	10		Acquisition Mode	Auto				
Drift Rate (mV/min)	0		Electrometer Mode	Auto		Cell Properties	Value	
Total Points	10		E Resolution	Auto		Cell to Use	External	
			E Filter	Auto				
			I Filter	Auto				
			Bandwidth Limit	Auto				
			LCI Bandwidth Limit	Auto				

图 4-17　开路电位参数设置界面

图 4-18 所示界面，设置参数：

Potential（V）：0.8vs Ref（具体依据阳极极化曲线确定出的溶解电位设置）。

Time per point（s）：0.1。

Duration（s）：7200。

Current range：2A。

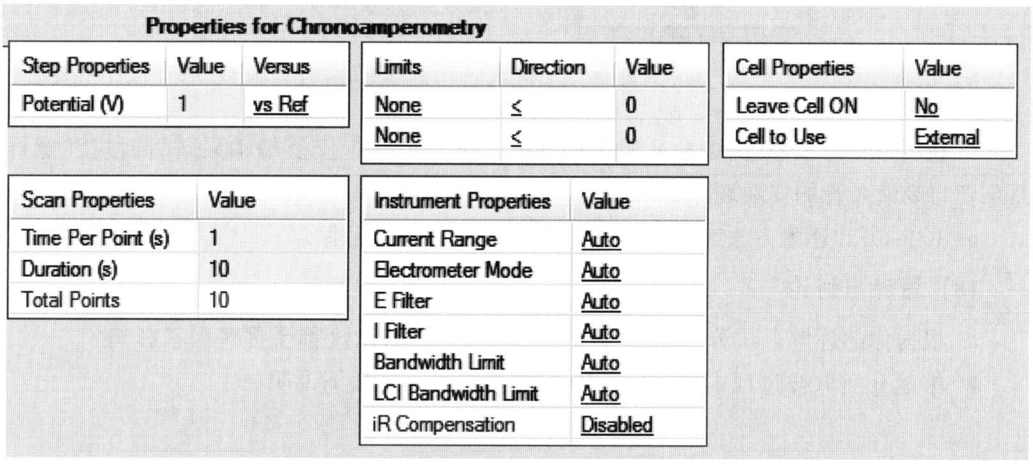

Properties for Chronoamperometry

Step Properties	Value	Versus		Limits	Direction	Value		Cell Properties	Value
Potential (V)	1	vs Ref		None	≤	0		Leave Cell ON	No
				None	≤	0		Cell to Use	External

Scan Properties	Value		Instrument Properties	Value
Time Per Point (s)	1		Current Range	Auto
Duration (s)	10		Electrometer Mode	Auto
Total Points	10		E Filter	Auto
			I Filter	Auto
			Bandwidth Limit	Auto
			LCI Bandwidth Limit	Auto
			iR Compensation	Disabled

图 4-18　计时电流法参数设置界面

g. 恒压电解 2h 后，将三电极拔出熔盐介质，待体系稳定 10min 后，自上炉盖插入石英取样管，对熔盐介质分别取样 3 次，每次取样量为 2mL，对应实验装置和熔盐介质取样装置分别如图 4-19 和图 4-20 所示。最后利用 ICP-OES 检测熔盐体系中钨（配）离子浓度，并取 3 次测量值的平均值作为最终钨（配）离子浓度。

（7）注意事项

a. 实验过程中注意必要的防护措施，佩戴口罩、手套，穿着实验服。

b. 电化学实验中电极预处理非常重要，电极一定要处理干净，否则误差较大。

c. 本实验中缠绕的绝缘胶带不能破裂，否则将造成实验短路，导致错误结果。

d. 连接电路时，电极夹与电极连接处、电极线之间连接处要检查是否连接牢固。

e. 整个电化学测试过程，测试环境要尽量避免周围其他电信号的干扰。

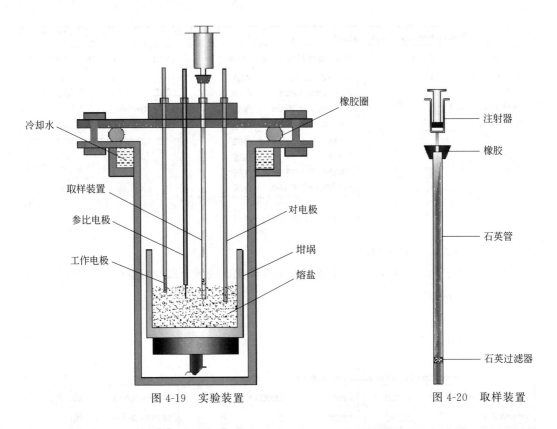

图 4-19　实验装置　　　　　　　　　　图 4-20　取样装置

f. 利用 ICP-OES 检测熔盐介质中钨（配）离子浓度，安装蠕动泵泵管时应注意样品泵管与废液泵管的安装顺序。

g. ICP-OES 建立方法完成后，一定注意要将方法进行保存。

（8）思考与讨论

a. 根据你的理解，试分析熔盐介质中钨（配）离子浓度都受哪些因素影响？

b. 熔盐介质取样过程中应注意的细节都有哪些？请举例说明。

4.5　熔盐中钨离子价态测试实验

（1）实验目的

废硬质合金在熔盐电解过程中，溶出的钨离子和钴离子可能以不同价态存在，而价态对于金属钨、钴的电沉积至关重要。学习并理解方波伏安法的实验原理，学会电化学工作站中方波伏安曲线的测定方法；对 WC 进行恒压电解，借助方波伏安曲线计算熔盐介质中的钨（配）离子价态。

（2）实验原理

方波伏安法（square wave voltammetry，SWV）是在设定的电位范围内采用矩形波进行扫描，从而表示电位—电流关系的一种伏安实验方法。方波伏安是电位只向阴极方向扫描的过程，可以说是单向的循环伏安。循环伏安法与方波伏安法相比，灵敏度较差，检出限也相对高一些。循环伏安法对于太过微小的电化学信号很难检测出来[58]。

SWV 广泛应用于物质的定量分析和动力学研究。在动力学研究方面，O'Dea 等对 SWV 研究测定了 Zn 等氧化还原反应过程的动力学参数；Pajkossy 测定了可逆氧化还原电对。Austin 等利用流体调制进行阳极电催化过程研究；Stefanic 等测定了纯法拉第电流；Nuwer 等研究了完全不可逆电子转移反应的动力学；Smith 测定了阴、阳离子离解热；Reeves 等研究强吸附准可逆氧化还原；Zeng 等用 SWV 研究了准一级催化反应过程；谢天尧和莫金垣研究了平行催化过程不可逆电极动力学，提出了新的电极反应模型；O'Dea 等研究了准可逆表面过程的特性；Djogic 等研究了不同离子强度对铀（Ⅵ）离子还原反应的影响；蒲国刚等对 CSWV 作为动力学研究手段作了研究；Grodon 等用 SWV 对静态和动态铁和亚铁氰酸还原电对进行了研究，并和循环伏安法进行了比较；Pereira 等用 SWV 对液液微界面进行分析；Komorskylovric 等用 SWV 测定氧化还原反应的速率常数。另外，不少学者对 SWV 作为流动体系检测器的可行性做了研究。在定量测定方面，SWV 已广泛用于工农业、环境、医学、食品和生命科学等领域，可检测一切具有氧化还原性质的有机物和无机物[59]。

在熔盐电化学中方波伏安曲线常被用于计算电化学反应过程中金属离子的电子转移数，也用于检测在循环伏安曲线中还原峰不是那么明显的电极还原过程，判断金属离子的电还原步骤。当金属离子的电化学反应过程是一个可逆过程的时候，方波伏安曲线是一个对称的半波曲线，电流随离子浓度的增加而增加。

方波伏安法与其他极谱方法不同的是它没有真正的极谱模式。它的波形可以看成是示差脉冲极谱法的一个特例，其电解前的时间与脉冲时间相等且脉冲与扫描方向相反，如图 4-21 所示。但是在结果处理时，还是把方波法的波形考虑成一个阶梯扫描，每个台阶都叠加了一个对称的双脉冲，一个是正向，一个是反向。在很多个循环里，波形都是两极方波的叠加阶梯，这也是这种方法的名称来源。

图 4-21 中的 ΔE_p 是脉冲高度，t_p 是脉冲宽度，t_p 与频率 f 之间存在转换关系：$f = 1/2t_p$，ΔE_s 是脉冲每次的增幅，E_i 是初始电势，可以根据具体情况施加任意时间，扫描速率 $v = \Delta E_s/2t_p = f\Delta E_s$[60]。

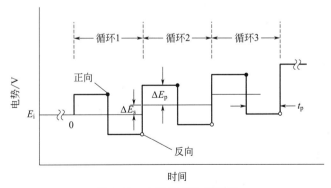

图 4-21　方波伏安法的波形

每个循环在各个脉冲结束时取样两次，正向电流 i_f（与阶梯扫描方向相同）和反向电流 i_r。示差电流 $\Delta i = i_f - i_r$，SWV 的结果是三组伏安图谱，即正向电流和电势、反向电流和电势，示差电流和电势关系图，如图 4-22 所示。正常情况下，ΔE_s 要比 ΔE_p 小很多，前人的经验总结是一般 $\Delta E_s = 10/n\,\mathrm{mV}$，$\Delta E_p = 50/n\,\mathrm{mV}$。据 Osteryoungs 等人的实验结论是在 $\Delta E_s = 10\mathrm{mV}$ 和 $\Delta E_p = 50\mathrm{mV}$ 时，扫描速度可以在 $5\mathrm{V} \cdot \mathrm{s}^{-1}$ 到 $0.01\mathrm{V} \cdot \mathrm{s}^{-1}$ 的范围内变化，都可以获得与其他极谱方法或者循环伏安图谱媲美的结果[61]。

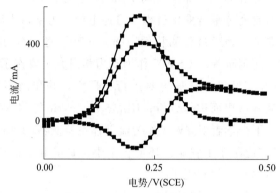

图 4-22　$Fe(CN)_6^{4-}$ 在 Pt 盘电极上的方波伏安曲线（$f = 500\mathrm{Hz}$）

对于一理想条件下的可逆体系，其方波伏安曲线是一对称的高斯函数图形，曲线的半高宽取决于既定温度下反应过程中交换的电子数。其数学表达式如式（4-16）：

$$W_{1/2} = 3.52 \frac{RT}{nF} \tag{4-16}$$

式中，T 为热力学温度；R 为理想气体常数；F 为法拉第常数；n 为转移电子数。

本实验对 WC 阳极采用恒压电解，对电解后进入熔盐体系中的钨（配）离子进行方波伏安扫描，借助式（4-6）求得反应过程中交换的电子数，进而得出熔盐体系中的钨（配）离子的化合价态。

（3）实验设备

a. Thermcraft 裂开式真空管式加热炉；

b. PARSTAT4000 电化学工作站；

c. Edwards 旋叶真空泵；

d. 循环冷却器；

e. 多功能万用表；

f. 外径 ϕ60mm 刚玉坩埚一个；

g. 直径 ϕ0.5mm 铂丝工作电极（WE）和参比电极（RE）各 1 根，直径 ϕ6mm 石墨棒辅助电极（CE）2 个。

（4）实验药品

a. 碳化钨块：3mm×3mm×10mm；

b. 氯化钠：分析纯，纯度不低于 99.5%，北京化学试剂公司；

c. 氯化钾：分析纯，纯度不低于 99.5%，北京化学试剂公司。

（5）实验要求

a. 实验前按照指导书预习，根据实验任务书要求起草实验方案。

b. 按实验安排的时间按时进入实验室进行熔盐电解质中钨离子价态测试实验。

c. 实验前认真检查实验仪器和设备是否完好，发现问题及时报告指导教师解决或补充。实验严格按照规程操作，观察实验现象、做好实验记录。实验完毕后清理实验台面，经指导教师许可后方可离开实验室。

d. 遵守实验室制度，注意安全，爱护仪器设备，节约水电原材料，保持环境清洁。

（6）实验步骤

a. WC 阳极的预处理：将 WC 块（3mm×3mm×10mm）表面用金刚石磨盘打磨平整光亮，用酒精棉擦拭干净后晾干备用。

b. 铂丝电极的预处理：将铂丝工作电极和参比电极在 3000 号金相砂纸上轻轻擦拭光亮，用酒精棉擦洗干净后晾干备用。石墨棒辅助电极用砂纸和滤纸擦拭光亮后备用。

c. 正确操作电子天平，称取 0.5mol NaCl 和 0.5mol KCl 分析纯试剂混合均匀后置于刚玉坩埚中用锡箔纸密封备用。

d. 将刚玉坩埚置于真空管式加热炉恒温区域段，以 WC 为工作电极、石墨棒为辅助电极、铂丝为参比电极，组装管式炉，检查气密性完好后真空缓慢升温至 300℃，真空脱水 3h。然后于氩气保护性气氛中升温至 750℃并保温 30min。

e. 用万能表分别两两连接工作电极、辅助电极、参比电极，将三电极插入熔盐电解质，浸入深度分别为 3mm、10mm、5mm，稳定 20min 后将三电极连接电化学工作站。

f. 开路电位的测定：打开 PARSTAT4000 电化学工作站，打开 VersaStudio.exe 软件。选择菜单栏 experiment \ new \ Technique Actions 中的 Open Circuit，弹出如图 4-23 所示界面，设置参数：

Time per point（s）：1；

duration（s）：300 或者更大；

current range：2A。

Properties for Open Circuit						
Scan Properties	**Value**	**Instrument Properties**	**Value**	**Limits**	**Direction**	**Value**
Time Per Point (s)	1	Current Range	2mA	None	≤	0
Duration (s)	10	Acquisition Mode	Auto			
Drift Rate (mV/min)	0	Electrometer Mode	Auto	**Cell Properties**	**Value**	
Total Points	10	E Resolution	Auto	Cell to Use	External	
		E Filter	Auto			
		I Filter	Auto			
		Bandwidth Limit	Auto			
		LCI Bandwidth Limit	Auto			

图 4-23　开路电位参数设置界面

测试不施加电压到工作电极时工作电极相对于参比电极的开路电位，直至开路电位稳定（电位波动小于 3mV）。

g. WC 阳极恒压电解（计时电流法）的参数设置：待开路电位稳定后，记录并保存数据。选择 experiment \ new \ Technique Actions 中的 chronoamperometry，弹出如图 4-24 所示界面，设置参数：

Potential（V）：0.8 vs Ref；

Time per point（s）：0.1；

Duration（s）：7200；

Current range：2A。

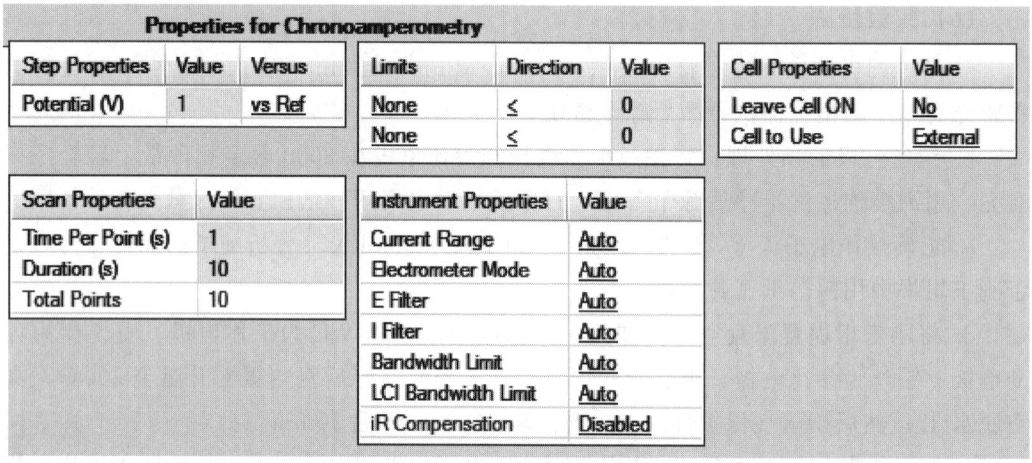
Properties for Chronoamperometry
Step Properties | Value | Versus
Potential (V) | 1 | vs Ref
Limits | Direction | Value
None | ≤ | 0
None | ≤ | 0
Cell Properties | Value
Leave Cell ON | No
Cell to Use | External
Scan Properties | Value
Time Per Point (s) | 1
Duration (s) | 10
Total Points | 10
Instrument Properties | Value
Current Range | Auto
Electrometer Mode | Auto
E Filter | Auto
I Filter | Auto
Bandwidth Limit | Auto
LCI Bandwidth Limit | Auto
iR Compensation | Disabled

图 4-24　计时电流法参数设置界面

h. WC 阳极恒压电解实验结束后，将工作电极换为铂丝（插入深度 5mm），辅助电极换为新的石墨棒（插入深度 10mm），参比电极为铂丝不变（插入深度 5mm）。重新测定开路电位，直至开路电位稳定。

i. 方波伏安法参数设置：选择 experiment \ new \ Technique Actions 中的 Square Wave Voltammetry，弹出如图 4-25 所示界面，设置参数：

Initial Potential（V）：0 vs Ref（依实验具体情况调整电位范围）；

Final Potential（V）：−1 vs Ref（依实验具体情况调整电位范围）；

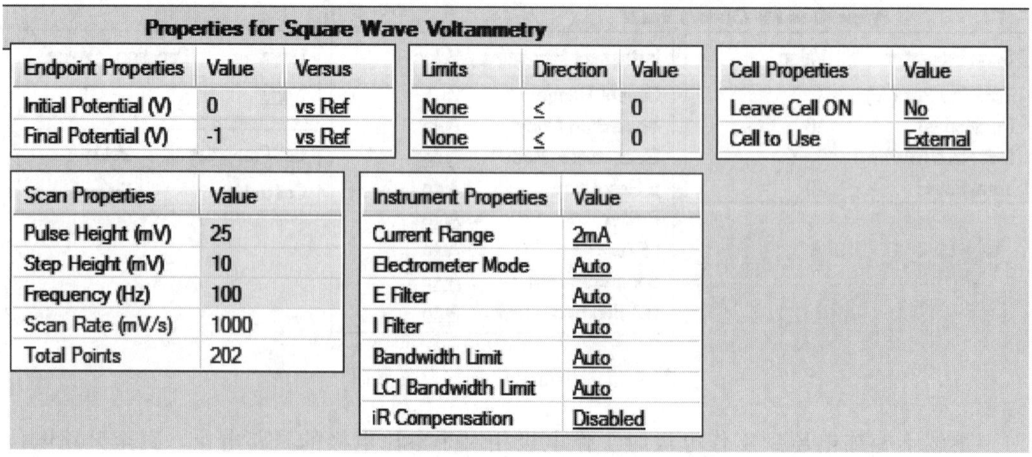
Properties for Square Wave Voltammetry
Endpoint Properties | Value | Versus
Initial Potential (V) | 0 | vs Ref
Final Potential (V) | -1 | vs Ref
Limits | Direction | Value
None | ≤ | 0
None | ≤ | 0
Cell Properties | Value
Leave Cell ON | No
Cell to Use | External
Scan Properties | Value
Pulse Height (mV) | 25
Step Height (mV) | 10
Frequency (Hz) | 100
Scan Rate (mV/s) | 1000
Total Points | 202
Instrument Properties | Value
Current Range | 2mA
Electrometer Mode | Auto
E Filter | Auto
I Filter | Auto
Bandwidth Limit | Auto
LCI Bandwidth Limit | Auto
iR Compensation | Disabled

图 4-25　方波伏安参数设置界面

Pulse height（mV）：25；

Step height（mV）：5；

Frequency（Hz）：5。

j. 方波伏安测试结束后，保存数据，关闭工作站，将电极拔出熔盐介质，把真空管式加热炉温度降至室温。将数据导入 Origin8 等相关软件进行高斯拟合，得出半高宽，代入式(4-16)计求得熔盐介质中钨（配）离子化合价态。

（7）注意事项

a. 实验过程中注意必要的防护措施，佩戴口罩、手套，穿着实验服。

b. 电化学实验中电极预处理非常重要，电极一定要处理干净，否则误差较大。

c. 本实验中缠绕在电极杆上的绝缘胶带不能破裂，否则将造成实验短路，导致错误实验结果。

d. 连接电路时注意检查电极夹与电极连接处、电极线之间连接处是否连接牢固。整个电化学测试过程中，周围环境要尽量避免其他电信号的干扰。

（8）思考与讨论

a. WC 阳极恒压电解结束后为什么要更换工作电极和辅助电极？

b. 熔盐介质中钨（配）离子的化合价态受哪些因素影响，具体怎样影响？

c. 请结合实验，举例说明实验过程中有哪些需要特别注意的细节？

4.6　阴极沉积制备钨金属粉末实验

（1）实验目的

废硬质合金经过熔盐电解，在阴极获得金属钨粉。掌握计时电位法的实验原理，学会电化学工作站中计时电位法的测定方法；收集实验结束后阴极产物，并对其进行 XRD 和 SEM 检测。

（2）实验原理

计时电位法（chronopotentiometry）是一个恒电流电解过程，该方法是应用恒电流仪，使通过研究电极的电流自实验开始时的零值突变到某个定值 I，然后随时间保持不变，电极在恒电流条件下极化，以此来研究工作电极电位 E 随时间的变化规律。

计时电位曲线常被用来分析离子的放电过程、金属沉积所需的极限电流密度等。如图 4-26 所示的计时电位曲线，施加在电极上的恒电流 I 引起电活性物质以恒定的速度还原成产物。当计时电位曲线达到某个位置不变的时候，说明一种金属或合金相形成，且此时离子向电极的扩散达到了平衡状态，平台的持续时间代表了这种扩散平衡状态持续的时间。当施加另一个更大（更负）的电流密度时，这种平衡有可能被打破，电位会向负移。若是电流密度的变化范围没有超过这种离子或相沉积所需极限电流密度，则平台不会出现。

本实验以 WC 为工作电极，对其进行恒电流电解，记录电压—时间曲线。收集电

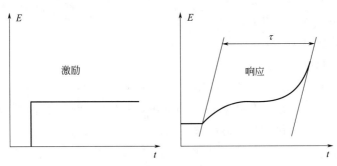

图 4-26　计时电位法示意

解结束后的阴极产物，利用 XRD 和 SEM 对产物进行表征。

　　发现过程：1901 年 H. J. S. 桑德用恒电流电解求离子扩散系数，并根据扩散定律和能斯脱方程推导了平面电极上的电流、时间和电活性物（或称去极剂）之间的关系这被称为桑德方程，如式(4-17) 所示。

$$\tau^2 = \frac{n^2 F^2 A^2 D \pi C_0^2}{4 i^2} \tag{4-17}$$

　　式中，τ 为过渡时间，是某电活性物从开始电解到它在电极表面的浓度降低至零的时间；i 为施加的恒电流；n 为电极过程的电子转移数；F 为法拉第常数；A 为电极面积；D 为扩散系数；c_0 为电活性物在溶液中的初始摩尔浓度。

　　桑德方程适用于可逆、扩散的电极过程，如为不可逆过程或伴随化学反应、吸附等的电极过程，情况就复杂些，是 $\tau_{1/2}$ 与 c_0 仍成比例关系。利用桑德方程中 $\tau_{1/2}$ 与 c_0 的线性关系进行定量分析时不很方便，灵敏度也只有 10^{-4} M，但计时电位法作为研究电极过程动力学的技术却受到重视。图 4-27 中曲线 1 是可逆过程的 E-t 曲线，它的 $\tau/4$ 处相当于极谱曲线上的半波电位 $E_{1/2}$ 处，例如 4×10^{-3} MCd^{2+} 在 1M 硝酸钾溶液中被还原，τ 约为 46s。图 4-27 中曲线 2 是不可逆过程的 E-t 曲线，例如 4×10^{-3} M 碘酸钾在 1M 氢氧化钠溶液中被还原。假使为同时有化学反应的电极过程，则要在桑德方程中增加有关反应速率常数和平衡常数的项，并可求出这些常数。计时电位法还用于研究熔

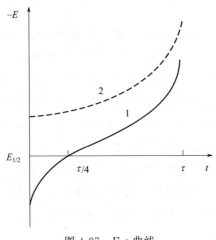

图 4-27　E-t 曲线

1—可逆过程；2—不可逆过程

融盐和电极表面现象（吸附层、氧化膜）。用交变电流的计时电位法测得的 τ 更为精确[62-64]。

（3）实验设备

a. Thermcraft 裂开式真空管式加热炉；

b. PARSTAT4000 电化学工作站；

c. Edwards 旋叶真空泵；

d. 循环冷却器；

e. 多功能万用表；

f. 外径 ϕ60mm 刚玉坩埚一个；

g. 直径 ϕ0.5mm 铂丝参比电极（RE）1 根，直径 ϕ6mm 不锈钢棒辅助电极（CE）1 个。

（4）实验药品

a. 碳化钨块：3mm×3mm×10mm；

b. 氯化钠：分析纯，纯度不低于 99.5％，北京化学试剂公司；

c. 氯化钾：分析纯，纯度不低于 99.5％，北京化学试剂公司。

（5）实验要求

a. 实验前按照指导书预习，根据实验任务书要求起草实验方案。

b. 按实验安排的时间按时进入实验室进行阴极沉积制备钨金属粉末实验。

c. 实验前认真检查实验仪器和设备是否完好，发现问题及时报告指导教师解决或补充。实验严格按照规程操作，观察实验现象、做好实验记录。实验完毕后清理实验台面，经指导教师许可后方可离开实验室。

d. 遵守实验室制度，注意安全，爱护仪器设备，节约水电原材料，保持环境清洁。

（6）实验步骤

a. WC 阳极的预处理：将 WC 块（3mm×3mm×10mm）表面用金刚石磨盘打磨平整光亮，用酒精棉擦拭干净后晾干备用。

b. 参比电极预处理：将铂丝参比电极在 3000 号金相砂纸上轻轻擦拭光亮，用酒精棉擦洗干净后晾干备用。不锈钢棒辅助电极用砂纸和酒精棉擦拭光亮后备用。

c. 正确操作电子天平，称取 0.5mol NaCl 和 0.5mol KCl 分析纯试剂混合均匀后置于刚玉坩埚中用锡箔纸密封备用。

d. 将刚玉坩埚置于真空管式加热炉恒温区域段，以 WC 为工作电极、不锈钢棒为辅助电极、铂丝为参比电极，组装管式炉，检查气密性完好后真空缓慢升温至 300℃，真空脱水 3h。然后于氩气保护性气氛中升温至 750℃并保温 30min。

e. 用万能表分别两两连接工作电极、辅助电极、参比电极，将三电极插入熔盐电解质，浸入深度分别为 3mm、10mm、5mm，稳定 20min 后将三电极连接电化学工作站。

f. 开路电位的测定：打开 PARSTAT 4000 电化学工作站，打开 VersaStudio.exe 软件。选择菜单栏 experiment \ new \ Technique Actions 中的 Open Circuit，弹出如图 4-28 所示界面，设置参数：

Time per point（s）：1；

duration（s）：300 或者更大；

current range：2A。

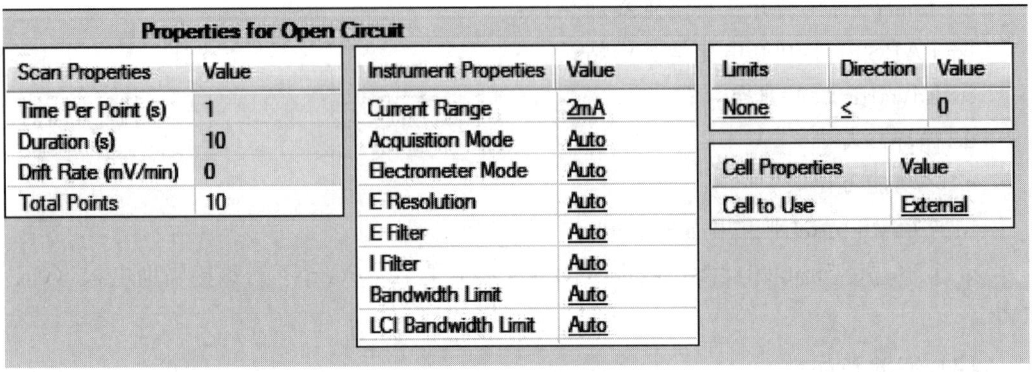

图 4-28　开路电位参数设置界面

测试不施加电压到工作电极时工作电极相对于参比电极的开路电位，直至开路电位稳定（电位波动小于 3mV）。

g. WC 阳极恒流电解（计时电位法）的参数设置：待开路电位稳定后，记录并保存数据。选择 experiment \ new \ Technique Actions 中的 chronopotentiometry，弹出如图 4-29 所示界面，设置参数：

Current（A）：0.06（具体依实验情况进行调整）；

Time per point（s）：0.1；

Duration（s）：72000。

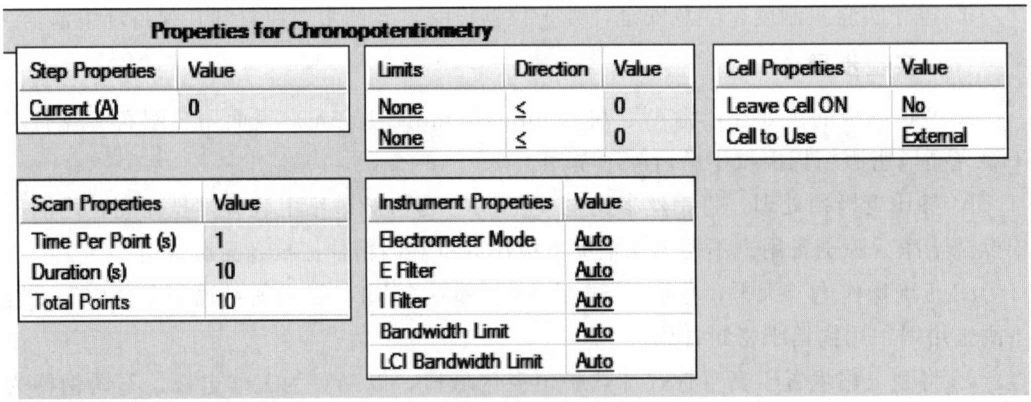

图 4-29　计时电位法参数设置界面

h. 恒流电解结束后，将三电极拔出熔盐介质，待真空管式加热炉温度降至室温后，对沉积在阴极的产物先超声处理，再用蒸馏水水洗至产物不再溶解，最后离心分离收集产物，于干燥箱中（40℃）干燥完全后对其进行 XRD 和 SEM 检测。

(7) 注意事项

a. 实验过程中注意必要的防护措施，佩戴口罩、手套，穿着实验服。

b. 电化学实验中电极预处理非常重要，电极一定要处理干净，否则误差较大。

c. 本实验中缠绕的绝缘胶带不能破裂，否则将造成实验短路，导致错误结果。

d. 连接电路时，电极夹与电极连接处，电极线之间连接处要检查是否连接牢固。

e. 整个电化学测试过程，测试环境要尽量避免周围其他电信号的干扰。

（8）思考与讨论

a. 对比电解实验前后熔盐电解质有什么变化？对应阳极区和阴极区各有什么现象产生？

b. 恒流电解结束后，WC 阳极的溶解形貌是怎样的？试解释产生这种现象的原因。

第 5 章

其他稀有金属还原实验

5.1 钛废料的氯化焙烧实验

(1) 实验目的

氯化法分解稀有金属精矿应用比较广泛，尤其对于复杂矿石的综合利用及从残料与贫矿中提取有价金属，氯化法更有前途。通过氯化物从含钛物料中制取金属或将粗金属提纯的氯化过程，系钛冶金中的重要组成部分。本实验的具体要求为印证和巩固课堂所学的氯化基本原理及实际知识；了解氯化实验的程序，训练氯化实验的基本操作技能；通过对有价金属的分离、富集和尾气的吸收等实践，使学生懂得氯化冶金的特殊性、综合利用的重要性及"三废"（废水、废渣、废气）处理的必要性。

(2) 实验原理

氯化法多用于提炼各种难熔金属，如钛、锆、钽、铌、钨等有色金属。利用氯气或金属氯化物与矿石焙烧，根据不同金属元素的氯化顺序和生成的氯化物的熔点、沸点及蒸汽压等物理性能的差异以达到金属间的相互分离，或金属与其他氧化物的分离[65]。一般金属氯化物的熔点、沸点都较低。制备过程中使金属氯化物挥发分离，同时根据不同的金属氯化物的蒸汽压及沸点的差异进行凝聚、分离[66]。

a. 氯化剂可以用气体，如 Cl_2、HCl 等；

b. 固体氯化剂有 NaCl、$MgCl_2$ 等；

c. 加入添加剂以降低反应自由能。

高钛渣或金红石的氯化，一般要加炭还原剂，并按下列反应式进行。

$$TiO_2 + 2Cl_2 + C = TiCl_4 + CO_2 \tag{5-1}$$

$$TiO_2 + 2Cl_2 + 2C = TiCl_4 + 2CO \tag{5-2}$$

上述反应的自由能变化，可按下列反应式计算。

$$\Delta G_T^\ominus = \Delta H_O^\ominus - \Delta a\, 2.303 T \lg T + \frac{\Delta b}{2} T^2 + \frac{\Delta c}{2T} + IT \tag{5-3}$$

式(5-3)中的某些常数取值见表 5-1。

表 5-1　反应式中的某些量

常数	ΔH_0^0	Δa	$\frac{\Delta b}{2} \times 10^3$	$\Delta c \times 10^{-3}$	I
反应式(5-1)	-73989	-5.57	$+0.735$	-5.115	-63.57
反应式(5-2)	-9720	-7.17	-0.18	-10.995	-140.8

高钛渣或金红石的氯化,属气—固反应。根据有关资料报道,对 TiO_2 加炭混合物的氯化反应动力学研究表明:在 445℃ 时,氯化开始;在 550℃ 时,反应便从动力学区转向扩散区进行。故人们常在 600~800℃ 的温度范围内进行氯化[67]。此时,氯化速度可用式(5-4) 表示。

$$dK/dT = ASW^n \tag{5-4}$$

式中,dK/dT 均为反应速度;A 为常数;S 为反应面;W 为气体流速;n 为气体动力学指数。

(3) 实验设备

实验仪器、设备及装置如图 5-1 所示。

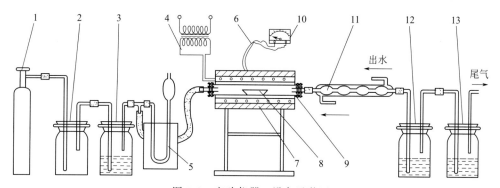

图 5-1　实验仪器、设备及装置

1—氯气瓶;2—缓冲瓶;3—浓硫酸瓶;4—调压变压器;5—压力计;6—热电偶瓷套管;7、8—瓷烧舟;
9—瓷反应管;10—毫伏表;11—玻璃冷凝管;12—稀盐酸溶液瓶;13—氢氧化钠溶液瓶

设备简介:毫伏表是一种用来测量正弦电压的交流电压表。主要用于测量毫伏级以下的毫伏、微伏交流电压。例如电视机和收音机的天线输入电压、中放级的电压等和这个等级的其他电压。

使用方法如下。

a. 测量前应短路调零。打开电源开关,将测试线 (也称开路电缆) 的红黑夹子夹在一起,将量程旋钮旋到 1mV 量程,指针应指在零位 (有的毫伏表可通过面板上的调零电位器进行调零,凡面板无调零电位器的,内部设置的调零电位器已调好)。若指针不指在零位,应检查测试线是否断路或接触不良,更换测试线。

b. 交流毫伏表灵敏度较高,打开电源后,在较低量程时由于干扰信号 (感应信号) 的作用,指针会发生偏转,称为自起现象。所以在不测试信号时应将量程旋钮旋到较高量程挡,以防打弯指针。

c. 交流毫伏表接入被测电路时，其地端（黑夹子）应始终接在电路的地上（成为公共接地），以防干扰。

d. 调整信号时，应先将量程旋钮旋到较大量程，改变信号后，再逐渐减小。

e. 交流毫伏表表盘刻度分为 0～1 和 0～3 两种刻度，量程旋钮切换量程分为逢一量程（1mV、10mV、0.1V……）和逢三量程（3mV、30mV、0.3V……），凡逢一的量程直接在 0～1 刻度线上读取数据，凡逢三的量程直接在 0～3 刻度线上读取数据，单位为该量程的单位，无需换算。

f. 使用前应先检查量程旋钮与量程标记是否一致，若错位会产生读数错误。

g. 交流毫伏表只能用来测量正弦交流信号的有效值，若测量非正弦交流信号要经过换算。

h. 注意：不可用万用表的交流电压挡代替交流毫伏表测量交流电压（万用表内阻较低，仅用于测量 50Hz 左右的工频电压）。

（4）实验药品

高钛渣、炭黑、黏结剂（淀粉糊或纸浆废液等）。

（5）实验要求

a. 实验前按照指导书预习，根据实验任务书要求起草实验方案。

b. 根据实验安排的时间按时进入实验室进行钴镍废料预处理与物理分离实验。

c. 实验前认真检查实验仪器和设备是否完好，发现问题及时报告指导教师解决或补充。实验严格按照规程操作，观察实验现象、做好实验记录。实验完毕后清理实验台面，经指导教师许可后方可离开实验室。

d. 遵守实验室制度，注意安全，爱护仪器设备，节约水电原材料，保持环境清洁。

（6）实验步骤

1）炉料制备

往磨细过筛（200目）的高钛渣中，配入试料重量25%的炭黑（按其中的固定炭计）；在瓷研钵中混匀，至呈单色物料；掺入适量黏结剂（淀粉糊或纸浆废液等），并搅匀，装入瓷坩埚或蒸发皿中，用炭黑（约3mm厚）覆盖，再放入马弗炉（或高温闷火炉）中，于700～800℃下，焦化20min，取出，冷却去炭黑，存入干燥器中备用。

2）氯化过程

在分析天平上，称取焦化料5g，装入预先煅烧（800～850℃）并经衡重的瓷烧舟中，再置于管状炉内瓷管中的高温区。连接、密封好氯化系统中的管道和容器，向管状炉送电加热，待炉温升至750～800℃时，向氯化系统中通入氮气，赶尽其中的空气和水分（亦可在150℃下，用氯气赶空气和水分后，再升温至750～800℃）。随后通入干燥过的氯气（同时向冷凝器中送冷却水），并使氯气流速稳定在25～35mmH_2SO_4柱。在此条件下，氯化1h，实验终止。反应产物氯化钛（$TiCl_4$）在冷凝中呈液态未冷凝氯化钛及过剩氯气，分别为稀盐酸与氢氧化钠溶液所吸收。

3）停炉及残渣处理

关闭氯气，改通氮气，赶尽瓷管等系统中的残存氯化钛和氯气。约10min后，用夹子将瓷管和冷凝器两端的橡皮管夹紧，并关闭冷却水。然后启开瓷管两端，使氯化残渣于空气中及 $800 \sim 850$℃ 下，煅烧 10min，最后停电降温，将瓷烧舟移至瓷管端部，待其冷却后，取出并置于干燥器中，待送分析用。

4）氯化效率及其计算

取来瓷烧舟，在分析天平上称重。根据炉料与残渣的重量，按式(5-5) 计算 TiO_2 的氯化率：

$$\eta = \frac{G - G'}{G} \times 100\% \tag{5-5}$$

式中，η 为氯化率，%；G、G' 分别为炉料及残渣中 TiO_2 的含量，g。

（7）注意事项：

a. 实验过程必须穿戴好口罩、手套等劳动保护用品；

b. 制备的四氯化钛宜储存在干燥通风处，防止受潮；

c. 开四氯化钛容器时，确定工作区通风良好；避免让释出的蒸气进入工作区的空气中。

（8）思考与讨论

a. TiO_2 的氯化为什么要配炭？有无其他含钛物料可作为氯化原料呢？

b. 同样是赶空气和水分，为什么采用氮气和氯气时的温度不同呢？

c. 试以本实验为例，解释影响高钛渣氯化率的主要因素是什么？

d. 本实验计算氯化率的方式可取吗？为什么？你认为怎样计算才合理呢？

e. 高钛渣中的 FeO、Al_2O_3、SiO_2、V_2O_5 等杂质，在氯化过程中，各呈什么形态存在呢？

f. 通过实验，你有哪些收获体会？在氯化冶金中应注意什么？

g. 简述 TiO_2 氯化的基本原理。

h. 整理好实验数据，计算出钛的氯化率。

i. 分析氯化率变化的原因。

5.2　粗锑的火法精炼实验

（1）实验目的

冶炼出的粗金属通过精炼提纯，才能获得较纯净的金属应用于各工业等部门。本实验选择粗锑进行火法精炼，通过实验进一步学习常用有色重金属火法精炼的一般原理、实验流程，以及精炼后金属中杂质含量的化验方法和实验操作等。

（2）基本原理

火法精炼是指在高温熔化金属的条件下，用各种方法除去粗金属中杂质的精炼过程[68]。

根据金属和杂质的不同特性，火法精炼主要分为加剂法、熔析法、精馏等，主要用于重有色金属和某些轻有色金属的精炼。除去有害杂质，生产出具有一定纯度的金属；当金属中的杂质含量超过一定限度时，其物理、化学和机械性能会发生变化，生产出含有各种规定量的合金元素的金属，使其具有一定的物理、化学和机械性能，如合金钢的生产。回收其中具有很高经济价值的稀贵金属"杂质"，如粗铅、粗铜中的金、银及其他稀贵金属。

原理：利用主金属杂质的物理和化学性质的差异形成与主金属不同的新相，而使杂质残留下来。用多种（化学的或物理的）方法使均匀的粗金属体系变为多相（一般为二相）体系；用各种方法将不同的相分开，实现主体金属与杂质的分离。火法精炼差异见表 5-2[69]。

表 5-2　火法精炼差异

精炼体系	精炼原理	举例
金属—金属	物理变化	熔析精炼、区域精炼
金属—气体	物理变化	蒸馏精炼、真空精炼
金属—炉渣	化学变化	氧化精炼、硫化精炼

火法精炼按其工艺过程中所发生的变化主要分为化学变化和物理变化两类。化学变化为主的火法精炼主要是利用杂质与主金属某些化学性质的不同，通过适当的化学反应而使两者分离。其中又大致上可分为两类：a. 利用主金属与杂质对某种元素亲和势的差异而进行的分离。例如某些杂质对氧亲和势大于主金属，在精炼中加入氧化剂，杂质被氧化成氧化物，而主金属不被氧化仍保持为金属形态，从而实现分离。这种通过氧化过程而进行的精炼常称为氧化精炼。与之类似的还有硫化精炼、氯化精炼、碱性精炼、金属脱气、电渣熔炼等。b. 利用某些主金属能生成某种易挥发而又易离解的化合物而杂质不能生成这种化合物的性质差异，进行分离的方法。首先是控制一定的精炼条件，使主金属变成易挥发化合物挥发而与杂质分离，然后通过化合物离解得到纯金属。有时还可以通过化合物的离解制取具有一定物理形态如镀层、超细球形粉等的纯金属。碘化粉热离解法属于这类精炼方法。从某种意义上来说，歧化冶金亦属此类[70]。

物理变化为主的火法精炼主要是利用主金属与杂质的某些物理性质的不同，通过某种物理过程而进行脱除杂质的方法。例如利用主金属和杂质蒸气压的不同进行精炼的方法有蒸馏（升华法）、精馏精炼、真空精炼；利用杂质在金属的液、固两相间的溶解度不同进行的方法有熔析精炼和区域熔炼。应当指出，在实践中几乎不存在单纯的化学法精炼或物理法精炼，这两种方法往往相互配合使用以达到最佳的精炼效果。例如，铌的真空精炼，铌中的氧、碳杂质主要是借助于化学反应使之成为低价氧化铌或 CO 挥发而脱除；而铁、铝等杂质则主要是利用它们的蒸气压与铌不同而脱除的。应用火法精炼在有色金属生产中获得广泛应用，与湿法提纯的溶液净化和电解精炼相比，火法精炼具有过程较简单、成本低的优点，因而许多重有色金属如铅、锌、铜、锡等都采用火法精炼来生产纯金属。铅、锌的火法精炼产品的纯度均可达 99.99%，能满足用户的要求。稀有高熔点金属和稀土金属由于金属本身的电极电位比氢气负，在水溶液中不可能稳定存在，因此火法精炼是它们进行提纯和致密化的唯一途径。在这些金属的火法精炼过程中，往往还可控制某种条件使金属锭的内部结构符合某些金属加工的要求，同时还可直接得到异形件（如不同形状断面的棒材等）或得到镀层以及符合特殊要求的粉末等。

粗锑中一般含有铅、砷、铁、铜、硫等，本实验仅考虑砷的去除[71]。砷是炼锑的主要杂质。炼锑时广泛应用的是加碱的吹风氧化、碱性精炼法。这种方法是将纯碱加在熔融的锑液上，并向锑液内鼓入压缩空气，砷为空气所氧化，再与碱性熔剂作用，生成砷酸钠盐，其密度较小，浮于锑液面上而与锑液分离，其反应式如下

$$4As+3O_2+6Na_2CO_3 \Longrightarrow 4Na_3AsO_3+6CO_2$$
$$4As+5O_2+6Na_2CO_3 \Longrightarrow 4Na_3AsO_4+6CO_2$$

实践证明，96%以上的砷生成五价砷，即生成 Na_3AsO_4，而只有少量生成三价砷即生成 Na_3AsO_3。

在精炼过程中，部分锑也氧化，其反应式为

$$4Sb+5O_2+6Na_2CO_3 \Longrightarrow 4Na_3SbO_4+6CO_2$$
$$4Sb+3O_2+6Na_2CO_3 \Longrightarrow 4Na_3SbO_3+6CO_2$$

锑主要生成亚锑酸钠。另外在所形成的渣层与锑液面又可进行置换反应，即

$$Na_3SbO_4+As \Longrightarrow Na_3AsO_4+Sb$$
$$Na_3SbO_3+As \Longrightarrow Na_3AsO_3+Sb$$

这样，最终结果是，形成的精炼渣中有砷酸盐，还存在为数不少的锑酸盐。这种渣工业上称为精炼碱渣。

通过多次造渣，锑液中的砷可降至符合工业要求。

（3）实验设备

粗锑碱性精炼装置如图 5-2 所示。

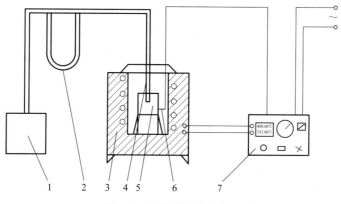

图 5-2　粗锑碱性精炼装置

1—空气压缩机；2—U 形压力计；3—电炉；4—刚玉毛细管；5—坩埚；6—热电偶；7—温度控制仪

1）热电偶

热电偶（thermocouple）是温度测量仪表中常用的测温元件，它直接测量温度，并

把温度信号转换成热电动势信号，通过电气仪表（二次仪表）转换成被测介质的温度。各种热电偶的外形常因需要而极不相同，但是它们的基本结构却大致相同，通常由热电极、绝缘套保护管和接线盒等主要部分组成，与显示仪表、记录仪表及电子调节器配套使用。

a. 工作原理：两种不同成分的导体（称为热电偶丝材或热电极）两端接合成回路，当两个接合点的温度不同时，在回路中就会产生电动势，这种现象称为热电效应，而这种电动势称为热电势。热电偶就是利用这种原理进行温度测量的，其中，直接用作测量介质温度的一端叫做工作端（也称为测量端），另一端叫做冷端（也称为补偿端）；冷端与显示仪表或配套仪表连接，显示仪表会指出热电偶所产生的热电势。热电偶实际上是一种能量转换器，它将热能转换为电能，用所产生的热电势测量温度。

b. 主要特点：装配简单，更换方便；压簧式感温元件，抗震性能好；测量精度高；测量范围大（正常情况下为 $-200 \sim 1300℃$，特殊情况下为 $-270 \sim 2800℃$）；热响应时间快；机械强度高，耐压性能好；耐高温，可达 $2800℃$；使用寿命长。

c. 结构要求：为了保证热电偶可靠、稳定地工作，对它的结构要求为：组成热电偶的两个热电极的焊接必须牢固；两个热电极彼此之间应很好地绝缘，以防短路；补偿导线与热电偶自由端的连接要方便可靠；保护套管应能保证热电极与有害介质充分隔离。

2) 温度控制仪

温度控制器（thermostat），根据工作环境的温度变化，在开关内部发生物理形变，从而产生某些特殊效应，产生导通或者断开动作的一系列自动控制元件，或者电子元件在不同温度下，根据工作状态的不同原理来给电路提供温度数据，以供电路采集温度数据。

原理：温度控制仪包括机械式的和电子式的。机械式温度控制仪由两层热膨胀系数不同金属压在一起，温度改变时，其弯曲度会发生改变，当弯曲到某个程度时，接通（或断开）回路，使得制冷（或加热）设备工作。电子式温度控制仪通过热电偶、铂电阻等温度传感装置，把温度信号变换成电信号，通过单片机、PLC 等电路控制继电器使得加热（或制冷）设备工作（或停止）。还有水银温度计型温度控制仪，温度达到就会有触点和水银接通

（4）实验药品

粗锑块、Na_2CO_3 粉。

（5）实验要求

a. 实验前按照指导书预习，根据实验任务书要求起草实验方案。

b. 根据实验安排的时间按时进入实验室进行钴镍废料预处理与物理分离实验。

c. 实验前认真检查实验仪器和设备是否完好，发现问题及时报告指导教师解决或补充。实验严格按照规程操作，观察实验现象、做好实验记录。实验完毕后清理实验台面，经指导教师许可后方可离开实验室。

d. 遵守实验室制度，注意安全，爱护仪器设备，节约水电原材料，保持环境清洁。

（6）实验步骤

1）实验操作

a. 电炉升温操作。按粗锑碱性精炼装置图连接电气线路。合上电闸，将温度控制仪温度给定盘置于 850℃，开温度控制仪开关，开始向电炉供电。

b. 称黏土坩埚的质量，并将其置于电炉盖上进行预热。

c. 称量小于 30mm 的粗锑块约 150g，置于坩埚中。

d. 待电炉炉温接近 800℃时，置坩埚于电炉中进行熔化。

e. 待锑已熔化成液体，温度指示为 850℃时，向锑液面放入 Na_2CO_3 粉，按粗锑重 6％加入，即加入 9.0g。

f. 启动无油气体压力机，调节风压至适当时将刚玉管插入锑液中鼓入压缩空气。

g. 观察到 Na_2CO_3 已完全成液态渣，吹空气约 15min 后，抽出刚玉管停止供气，夹出坩埚，用木棒扒出锑液上的炉渣，并快速将坩埚重新放入炉内。

h. 重复操作 e、f，并按操作 g 进行第二次扒渣，将锑液倒出铸块，冷后称量锑块及坩埚重。

i. 关电炉电源，精炼完毕。

j. 将锑块破碎取样粉碎后，进行化学分析，分析精锑含 As 量。

2）精锑含砷化验步骤

称取试样 0.100g（Sb－α）或 0.200g（Sb－α）置于 150mL 锥形瓶中。加少量水润湿试样，加硫酸（密度为 1.84）4～5mL。置电炉上加热，在保持溶液近沸腾的温度下溶解至清亮，取下冷却，加水 2～3mL，冷却至室温（避免加盐酸时溶液发热可能导致 As_2O_3 的挥发）。加盐酸（密度为 1.18）25mL 溶解至清亮，移入 60mL 梨形分液漏斗中。用苯 30mL 分两次洗涤烧杯，移入分液漏斗中，振荡萃取一分钟，静置分层。将水相移入另一个预先加 10mL 苯的 60mL 梨形分液漏斗中，振荡萃取 1min，静置分层。弃去水相，有机层合并于第一分液漏斗中，用盐酸（3∶1）溶液 5mL 滴洗分液漏斗颈口和塞子，振荡 0.5min，静置分层，弃去水相，如此反复洗涤 2 次。第二次洗涤完毕静置 1～3min，将水相尽量分离完全。往分液漏斗中加水 20mL，振荡 0.5min，静置分层。将水相移入 50mL 容量瓶中，再往分液漏斗中加水 15mL，振荡 0.5min，静置分层。水相合并于容量瓶中，加 0.1％酚酞溶液 1 滴，用 30％NaOH 溶液中和至红色，滴加硫酸（1∶20）溶液至红色褪去。加 0.5％碘溶液呈黄色并过量 0.1mL，混匀，静置 3min，加亚硫酸（1∶2）溶液至黄色全部褪去。用移液管加 1.5％钼酸铵溶液 2mL，混匀，加 0.05％硫酸肼溶液 2mL，混匀，置沸水浴中加热 5min，取下冷至室温。用水稀释至刻度，混匀。同条件做空白试验：将有色溶液移入 3cm 厚度的比色皿中，以空白溶液作比较液，采用 660Å（1Å＝1×10⁻⁹m）波长测定其吸光度（砷钼兰最大吸光度的波长在红外长波部分，本标准采用 72 型分光光度计，故选 660×10⁻⁹m 波长）。

标准曲线的绘制：用微量滴定管分别放出砷标准溶液（Z）0.0mL、2.0mL、4.0mL、6.0mL、8.0mL、10.0mL、12.0mL 置于 50mL 容量瓶中，依次加水 35mL、33mL、31mL、29mL、27mL、25mL、23mL 稀释至 35mL，加 0.1％酚酞溶液 1 滴，以下操作按试样分析步骤进行：以未加入砷标准溶液的溶液作比较液，依次测定吸光度。以横坐标轴表示砷的浓度（以毫升计），纵坐标轴表示吸光度，绘制标准曲线。

分析结果按式(5-6)计算：

$$As\% = \frac{d}{G \times 1000} \times 100\% \tag{5-6}$$

式中，d 为试样测得的吸光度自标准曲线上查得的砷量，mg；G 为试样质量，g。

表 5-3 为含砷量测定误差。

表 5-3　含砷量测定误差

锑品号	含砷量/%	允许误差/%
Sb-1	≤0.05	0.005
Sb-2	>0.05~1.0	0.010

（7）注意事项

a. 实验过程必须穿戴好口罩、手套等劳动保护用品；

b. 炉体处于高温状态，投入坩埚物料等，操作要平稳、缓慢，并确保投入物料已充分脱水；

c. 向高温熔体鼓入空气，要缓慢进行，气流速不可过快；

d. 扒渣操作佩戴高温护目镜，操作要迅速稳健。

（8）思考与讨论

a. 简述实验原理及方法。

b. 载明实验数据及实验结果（包括精锑含砷量、精炼时锑的直收率），必要的分析讨论和意见。

c. 粗金属的火法提炼目的何在？它受哪些条件所限制？

d. 本实验如果不吹空气，仅插入一湿木棒，能否完成精炼除砷的目的？为什么？

5.3　铝热法还原五氧化二铌实验

（1）实验目的

了解金属热还原法在稀有金属生产中的意义，掌握铝热法还原五氧化二铌制取金属铌的方法。

（2）基本原理

金属热还原是用金属 A（或其合金）作还原剂在高温下将另一种金属 B 的化合物还原以制取金属 B（或其合金）的一种方法[72]。

金属热还原通常以还原剂来命名。例如，用铝作还原剂生产金属铬，称为铝热法；用硅铁作还原剂冶炼钒铁，称为硅热法。

应用范围：金属热还原广泛用于冶金过程中。例如，克劳尔（W. J. Kroll）法用镁热还原生产海绵钛；氟化物金属热还原法制取稀土金属；皮吉昂（Pidgeon）法在真空下用硅热还原煅烧白云石以生产镁；用氢化钙（CaH_2）还原二氧化锆得到氢化锆，再脱氢以制取电真空锆粉；以及制取很多种类的金属和铁合金。

金属热还原过程中，往往伴随放出大量热。金属热还原法在稀有金属生产中占有重要地位，几乎所有的稀有金属都可以用金属热还原法制取，是生产金属钛、锆、钽、铌、钒及其他熔点较高的稀土金属的重要方法[73]。

常用的金属还原剂是钠、镁、钙、铝、硅以及稀土金属镧、铈等。

铝热法还原五氧化二铌制取金属铌的总反应式见式（5-7）。

$$\frac{2}{5}Nb_2O_5 + \frac{3}{4}Al === \frac{4}{5}Nb + \frac{2}{3}Al_2O_3 \tag{5-7}$$

根据高价氧化铌有依次还原的特点，五氧化二铌的铝热还原过程显然是通过生成低价氧化铌的阶段。生成金属的反应为：

$$2NbO + \frac{4}{3}Al === 2Nb + \frac{2}{3}Al_2O_3 \tag{5-8}$$

$$\Delta G^{\ominus}_{(2-15)} = -293000 - 10.4TlgT + 75.3T \tag{5-9}$$

式（5-9）表明，在 T 为通常反应温度下，反应式（5-8）的标准吉布斯自由能变化 $\Delta G^{\ominus}$ 仍有较大的负值，因此铝热还原易自动进行。

根据计算，反应式（5-7）具有很高的热效应，为 2497kJ/kg。规模较大的生产，由于反应放出大量热，反应一经触发，即可自行还原。生成物为熔融状态的金属铌和三氧化二铝渣，借助密度不同使金属与渣分层，达到完全分离。规模较小时，发热量不足以自热，往往需加入助热剂，如硫或硫与钙的混合物。反应时生成 Al_2S_3 或 CaS，不仅放热且能降低 Al_2O_3 渣的熔化温度。

还原过程中由于铌与铝形成合金，还有对氧的亲和力与铌相近或比铌小的硅、铁、镍、铬等的氧化物被还原进入铌合金相。合金中含铝量为千分之几到百分之几。因此，还原产品必须经后处理过程如电弧熔炼、电子束熔炼、烧结精炼、熔盐电解精炼等以后才能制得纯的可煅铌[74]。

（3）实验设备

铝热法还原五氧化二铌制取金属铌目前有两种工艺：在敞开式反应器中进行和在密闭弹式反应器中进行。

本实验在密闭弹式反应器中进行，采用普通一级 Nb_2O_5 与 200 目的铝粉，按反应理论计算铝粉过量 15%。再加入适量的硫和铝的混合物、混合均匀，装入反应器。反应器充氩加热进行反应，所得产品送氢化制粉、烧结精炼。

1）所用仪器设备

a. 还原反应器；

b. 加热炉；

c. 温度控制器（1100℃）；

d. 真空泵 $2×10^{-3}Pa$；

e. 氩气瓶；

f. 台秤（200g/1g）。

设备连接如图 5-3 所示。

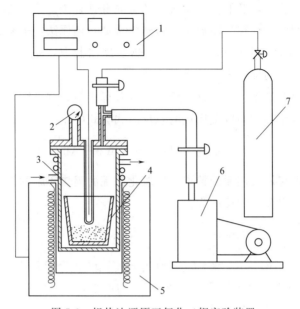

图 5-3 铝热法还原五氧化二铌实验装置

1—温度控制器；2—真空压力表；3—反应器；4—刚玉坩埚；5—加热炉；

6—真空泵；7—氩气瓶

2) 设备简介

① 真空压力表

真空表分为压力真空表和真空压力表。真空压力表：以大气压力为基准，用于测量小于大气压力的仪表。压力真空表：以大气压力为基准，用于测量大于和小于大气压力的仪表。压力有两种表示方法：一种是以绝对真空作为基准所表示的压力，称为绝对压力；另一种是以大气压力作为基准所表示的压力，称为相对压力。由于大多数测压仪表所测得的压力都是相对压力，故相对压力也称表压力。当绝对压力小于大气压力时，可用容器内的绝对压力不足一个大气压的数值来表示，称为"真空度"。它们的关系如下：绝对压力＝大气压力＋相对压力；真空度＝大气压力－绝对压力；我国法定的压力单位为 $Pa(N/m^2)$，称为帕斯卡，简称帕。由于此单位太小，因此常采用它的 10^6 倍单位兆帕（MPa）。

a. 真空压力表特点：性能稳定，测量精度较高，反应速度较快。属绝对真空压力表，精度 0.5 级以上的可作为标准真空压力表使用。测量的是总压力，包括气体和蒸汽的压力。测量的结果与气体种类、成分及其性质无关。测压过程中，真空压力表本身吸气和放气很小，不会对被测气压产生影响。真空压力表内部没有高温部件，不会使油蒸气分解。若选用耐腐蚀材料制造，可测量腐蚀性气体压力。结构牢固，而且便于密封和安装。操作简便，不需调整，但需要定期校验。

b. 使用注意事项：真空压力表是一种常用的测量压力表，在很多的领域都有一定的应用。真空压力表使用时需注意如真空压力表测量的范围、真空压力表使用温度等多种问题。

真空压力表使用时的环境温度为 $-40 \sim 70℃$，相对湿度不大于 80%，如偏离正常使用温度 20℃，须计入温度附加误差。真空压力表必须垂直安装，力求使用时与测定点保持同一水平，如相差过高须计入液柱所引起的附加误差，测量气体时可不必考虑。安装时将表壳后部防爆口阻塞，以免影响防爆性能。

真空压力表使用时正常使用的测量范围：在静压下不超过测量上限的 3/4，在波动下不应超过测量上限的 2/3。在上述两种压力情况下大压力表测量最低均不应低于下限的 1/3，测量真空时真空部分全部使用。真空压力表使用时如遇到真空压力表指针失灵或内部机件松动、不能正常工作等故障时应进行检修，或联系生产厂家维修。真空压力表使用时应避免震动和碰撞，以免损坏。

② 真空泵

真空泵是指利用机械、物理、化学或物理化学结合的方法对被抽容器进行抽气而获得真空的器件或设备。通俗来讲，真空泵是用各种方法在某一封闭空间中改善、产生和维持真空的装置。

按真空泵的工作原理，真空泵基本上可分为两种类型，即气体捕集泵和气体传输泵。其广泛用于冶金、化工、食品、电子镀膜等行业。

特点：

a. 在较宽的压力范围内有较大的抽速。

b. 转子具有良好的几何对称性，故振动小，运转平稳。转子间及转子与壳体间均有间隙，不用润滑，摩擦损失小，可大大降低驱动功率，从而实现较高转速。

c. 泵腔内无需用油密封和润滑，可减少油蒸气对真空系统的污染。

d. 泵腔内无压缩、无排气阀。结构简单、紧凑，对被抽气体中的灰尘和水蒸气不敏感；

e. 压缩比较低，对氢气抽气效果差；

f. 转子表面为形状较为复杂的曲线柱面，加工和检查比较困难。

(4) 实验药品

铝粉、普通一级 Nb_2O_5、硫。

(5) 实验要求

a. 实验前按照指导书预习，根据实验任务书要求起草实验方案。

b. 根据实验安排的时间按时进入实验室进行钴镍废料预处理与物理分离实验。

c. 实验前认真检查实验仪器和设备是否完好，发现问题及时报告指导教师解决或补充。实验严格按照规程操作，观察实验现象、做好实验记录。实验完毕后清理实验台面，经指导教师许可后方可离开实验室。

d. 遵守实验室制度、注意安全、爱护仪器设备、节约水电原材料、保持环境清洁。

(6) 实验步骤

1) 实验操作

a. 按反应式(5-10) 计算：

$$\frac{2}{5}Nb_2O_5 + \frac{3}{4}Al \xrightarrow{\quad\quad} \frac{4}{5}Nb + \frac{2}{3}Al_2O_3 \tag{5-10}$$

铝粉过量 15%，配普通一级 Nb_2O_5 与 200 目铝粉的混合料 50g。再按 $2Al + 3S = Al_2S_3$ 反应式配硫和铝粉混合料 50g。

b. 使两种混合物充分混匀。

c. 已混匀的物料装入刚玉坩埚，再装入反应器，盖好盖，抽空 20min，充氩压力约为 $0.1kg/cm^2$。

d. 反应器在加热炉中，加热到 800～900℃，反应迅速进行，压力上升。记录温度与压力的变化。

e. 反应结束，将反应器从加热炉内取出，充氩气压力约为 $1kg/cm^2$，冷却。

f. 反应器壁冷却至 50～60℃，打开反应器盖，将金属与渣清取出、分开。称出金属的质量。

2）试样制备与主要元素分析

硫和铝粉已粉碎过 200 目筛，在工业生产中配好的料应在混料器中充分混合，并取样分析均匀度，方可使用。实验中为了节省时间仅在纸上反复混合。

送样分析金属中 O、Al、S 的含量，分析渣中 Nb 的含量。

3）实验结果整理分析和冶金计算

a. 进行配料计算；

b. 根据所得金属铌的质量，计算铌的产出率，并与分析结果比较。

（7）注意事项

反应器抽空后，氩气压力不能充得太高，以免反应过程中反应器内压力升高炸裂管道。

（8）思考与讨论

a. 试料为何要装在刚玉坩埚内，而不直接装入反应器中？

b. 在密闭弹式反应器中进行反应与在敞开式反应器中反应比较有哪些优缺点？

c. 铝热法生产金属铌与碳热法生产金属铌比较有哪些优缺点？

5.4 氧化镁真空硅还原实验

（1）实验目的

a. 了解真空冶炼在现代冶金中的地位和作用。

b. 掌握真空的获得与测量的基础知识。

c. 掌握煅烧白云石的真空硅还原制取金属镁的实验方法。

（2）实验原理

真空冶炼在低于标准大气压条件下进行的冶金作业，可以实现大气中无法进行的冶金过程，能防止金属氧化，分离沸点不同的物质，除去金属中的气体或杂质，增强金属中碳的脱氧能力，提高金属和合金的质量。真空冶金一般用于金属的熔炼、精炼、浇铸和热处理等，随着尖端科学技术的迅速发展，真空冶金在稀有金属、钢和特种合金的冶炼方面日益广泛地得到应用[75]。

真空冶金使在常压下进行的物理化学反应条件发生了变化，主要体现在气相压力的降低上。熔体中气体的溶解度与其分压的平方根关系见式(5-10)：

$$S = k\sqrt{P} \tag{5-10}$$

式中，S 为金属熔体中的气体溶解度；P 为金属与气体接触处的气体分压；k 为比例常数，与金属、气体及温度条件有关。

真空冶金具备以下特点：

a. 真空下气体压力低，对一切增容反应（增加容积的物理过程或化学过程）都有有利的影响。

b. 真空中气体稀薄，很少有气体参加反应。金属在真空中溶化时不会溶解气体；金属在真空中加热到较高温度时不会氧化，无论金属呈固态或液态都极少在真空中氧化；气体遵循理想气体方程。

c. 真空系统是一个较为密闭的体系，与大气基本隔开，只经过管道和泵将真空系统中的残余气体送入大气，大气不能经泵进入真空系统，系统内外的物质流动完全在控制之下。

d. 若过程需要较高的温度（大于真空室壁材料的软化温度），则加热系统要用电在炉内加热，因而真空系统没有燃料燃烧所带来的问题。如含 SO_2 气体的排放、收尘、对环境的污染等问题。

e. 金属或氧化物在真空中形成气体之后，气体分子很小或很分散。在真空中多原子分子倾向于分解成较少原子组成的分子，形成的气体分子很小，粒径一般为 10^{-10} m。

在现代冶金技术中真空冶金已发展成为一种重要的工业生产方法，真空在冶金中的应用不仅极大地改善了所产出的金属与合金的质量和性能，而且使本来难以生产的金属与合金的制备成为可能。真空热还原常以铝、硅、碳等作还原剂，用于有色和稀有金属的生产[76,77]。

硅热还原 MgO 就是在真空中进行的。

$$2MgO + Si = 2Mg(g) + SiO_2$$
$$\Delta G^{\ominus} = 610864 - 258.6T(J)$$

在标准状态下（Mg 的蒸气压为 1 大气压）要使反应向生成金属镁的方向进行，必要条件是

$$\Delta G^{\ominus} < 0 \quad 即 \quad 610864 - 258.6T < 0$$
$$T > \frac{610864}{258.6} = 2362.5K(2089.5℃)$$

要获得 2089.5℃ 的还原温度会给生产过程带来很大困难。

由于金属镁的蒸气压大，沸点低（为 1104℃），在高温下硅还原 MgO 得到的金属镁可为气态，是适合真空还原的[78]。

下面就真空条件下，对 $2MgO + Si = 2Mg(g) + SiO_2$ 反应进行热力学分析：

$$\Delta G = \Delta G^{\ominus} + 2RT\ln P_{Mg}$$

在真空中 P_{Mg} 小于 1 大气压，真空度越高，P_{Mg} 越小，$2RT\ln P_{Mg}$ 的负值越大，

ΔG 负值越大，使反应易于进行。

$$\Delta G = \Delta G^{\ominus} + 2RT\ln P_{Mg}$$
$$= 610864 - 258.6T + 2RT\ln P_{Mg}$$
$$= 610864 - 258.6T + 2 \times 19.146 T \lg P_{Mg}$$
$$T = \frac{610864}{258.6 - 2 \times 19.146 \lg P_{Mg}}$$

由上式可以计算出硅还原 MgO 时平衡温度与压力的关系（见表 5-4）。

表 5-4　硅还原 MgO 时平衡温度与压力的关系

P_{Mg}	mmHg	760	10	1	0.1	0.01	0.001
	Pa	101324.72	1333.22	133.32	13.33	1.33	0.13
$T/℃$		2089	1575	1383	1227	1098	990

由表 5-4 可见 P_{Mg} 越低（真空度越高），用硅还原 MgO 的平衡温度（即还原起始温度）也越低，因此采用真空还原可以大大降低还原温度。

还原过程在真空中进行，不仅能降低还原温度，还可以防止还原剂和镁蒸气在高温下被空气氧化，保证金属镁有足够的纯度。

必须指出，实际上的硅还原 MgO 的过程是复杂的，反应产物 SiO_2 不是以纯相存在，它能与未反应的 MgO 以及原料中的 CaO 发生反应，生成硅酸盐，即造渣反应。造渣反应补充析出热能，能降低 MgO 的还原温度。

当 SiO_2 与 MgO 进行造渣反应时，其反应式为

$$4MgO + Si \Longrightarrow 2Mg + 2MgO \cdot SiO_2$$

若反应物中有 CaO 存在，则还原反应生成的 SiO_2 优先与 CaO 作用，生成硅酸钙，此时 MgO 的还原反应为

$$2CaO + 2MgO + Si \Longrightarrow 2Mg + 2CaO \cdot SiO_2$$

在生成 $2CaO \cdot SiO_2$ 的条件下，硅还原 MgO 的温度更低。

因此工业生产中以煅烧白云石作为硅热法炼镁的原料，不仅提高了镁的还原率，而且降低了还原过程的温度。

（3）实验设备

本实验以煅烧白云石为原料，以含硅 75% 以上的硅铁作还原剂。

按反应式：$2CaO + 2MgO + Si \Longrightarrow 2CaO \cdot SiO_2 + 2Mg$。Si 过量 20% 配料。200 目的白云石与 200 目的硅铁混匀制团，装入还原炉中，在温度为 1100℃，真空度为 $5 \times 10^{-3} \sim 1 \times 10^{-3}$ mmHg(0.67～0.13Pa) 条件下进行还原，通氩冷却出炉。

1）试验设备

a. 马弗炉，1300℃；

b. 振动磨样机 XZM100 型；

c. 振筛机；

d. 三辊四筒球磨机 XPM 型；

e. 压力机：5～25T；

f. 圆柱形压模：$\phi 10 \sim \phi 15$；

g. 台秤：称重 1kg；

h. 还原装置（如图 5-4 所示）：

其中：1—还原炉炉体（反应罐）$\phi 60 \times 600$ 由耐热不锈钢制成，内装镁的冷凝结晶器。

2—加热炉 $\phi 80 \times 500$ 的硅碳棒或硅碳管管状炉（1300℃）。

3—加热炉控温器 WZK（1300℃）。

4—抽空系统扩散泵 $800 \sim 1200 L/s$，机械泵 $15 L/s$。

5—机械泵。

6—麦氏真空计，旋转式。

7—氩气瓶。

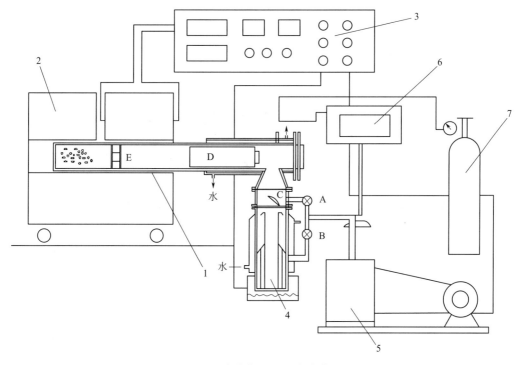

图 5-4　氧化镁硅还原实验装置

A—预真空阀；B—前置阀；C—扩散泵主阀；D—结晶器；E—隔热板；

1—反应罐；2—加热炉；3—控温器；4—扩散泵；5—机械泵；6—麦氏真空计；7—氩气瓶

2) 设备简介

① 马弗炉

a. 注意事项　当马弗炉第一次使用或长期停用后再次使用时，必须进行烘炉干燥：20～200℃时打开炉门烘 2～3h，200～600℃时关门烘 2～3h。

实验前，温控器应避免震动，放置位置与电炉不宜太近，防止过热使电子元件不能正常工作。搬动温控器时应将电源开关置于 "关"。

使用前，将温控器调至所需工作温度，打开启动编码使马弗炉通电，此时电流表有读数产生，温控表实测温度值逐渐上升，表示马弗炉、温控器均在正常工作。

工作环境要求无易燃物品和易腐蚀性气体，禁止向炉膛内直接灌注各种液体及熔解金属，经常保持炉膛内的清洁。

使用时炉膛温度不得超过最高炉温，也不得在额定温度下长时间工作。实验过程中，使用人不得离开，随时注意温度的变化，如发现异常情况，应立即断电，并由专业维修人员检修。

使用时炉门要轻关轻开，以防损坏机件。坩埚钳放取样品时要轻拿轻放，以保证安全和避免损坏炉膛。

温度超过600℃后不要打开炉门，等炉膛内温度自然冷却后再打开炉门。

实验完毕后，样品退出加热并关掉电源，在炉膛内放取样品时，应先微开炉门，待样品稍冷却后再小心夹取样品，防止烫伤。

加热后的坩埚宜转移到干燥器中冷却，放置缓冲耐火材料上，防止吸潮炸裂，后称量。

搬运马弗炉时，注意避免严重共振，放置远离易燃易爆、水等物品。严禁抬炉门，避免炉门损坏。

b. 安装使用　打开包装后，检查马弗炉是否完整无损，配件是否齐全。一般的马弗炉不需要特殊安装，只需平放在室内平整的地面或搁架上。控制器应避免震动，放置位置与电炉不宜太近，防止因过热造成内部元件不能正常工作。

有热电偶插入炉膛20～50mm，孔与热电偶之间空隙用石棉绳填塞。连接热电偶至控制最好用补偿导线（或用绝缘钢芯线），注意正负极，不要接反。

在电源线引入处需要另外安装电源开关，以便控制总电源。为了保证安全操作，电炉与控制器必须可靠接地。

在使用前，将温度表指示仪调整到零点，在使用补偿导线及冷端补偿器时，应将机械零点调整至冷端补偿器的基准温度点，不使用补偿导线时，则机械零点调至零刻度位，但所指示的温度为测量点和热电偶冷端的温差。

经检查接线确认无误后，盖上控制器外壳。将温度指示仪的设定指针调整至所需要的工作温度，然后接通电源。打开电源开关，此时温度指示仪表上的绿灯即亮，继电器开始工作，电炉通电，电流表即有电流显示。随着电炉内部温度的升高，温度指示仪表指针也逐渐上升，此现象表明系统工作正常。电炉的升温、定温分别以温度指示仪的红绿灯指示，绿灯表示升温，红灯表示定温。

② 振动磨样机

振动磨样机为一种通过电动机驱动高强度合金钢"料钵"以及"料钵"中的合金钢"研磨体"强烈振动，从而使"料钵"中的岩石或矿石样品在数分钟内被冲击研磨成细粒粉末的常用实验室制样设备。

其工作方式为振动研磨式。机器由电动机驱动，在电动机高速旋转时，安装在轴上的偏心锤产生强烈的离心力和振动力，使振动钢体产生激振力，压在振动钢体上的研磨料钵形成振动和研磨功能。物料装在密封的料钵内，料钵内有破碎环和破碎锤，物料被破碎环和破碎锤击碎研磨，达到制粉效果。

③ 振筛机

振筛机是配合试验筛进行物料粒度分析的、代替手工筛分的机器。主要包括拍击筛、顶击式振筛机、标准检验筛等种类。

工作流程：在破碎过程中，为了避免过粉碎和降低成本，应该符合"多破少磨"原则。对于大粒度矿石的破碎必须逐段进行。在选矿厂中，一般采用二段或三段破碎。根据破碎产品粒度的不同，大致可以分成粗碎、中碎、细碎三个阶段。破碎机粗碎：给矿粒度为 1500～500mm，破碎到 400～125mm；中碎：给矿粒度为 400～125mm，破碎到 100～50mm；细碎：给矿粒度为 100～50mm，破碎到 25～5mm。

特点：圆振动筛适宜采石场筛分砂石料，也可供选煤、选矿、建材、电力及化工等行业作产品分级用。

a. 采用块偏心作为激振力，激振力强。

b. 筛子横梁与筛箱采用高强度螺栓连接，无焊接。

c. 筛机结构简单，维修方便快捷。

d. 采用轮胎联轴器，柔性连接，运转平稳。

e. 采用小振幅，高频率，大倾角结构，使该机筛分效率高、处理最大、寿命长、电耗低、噪声小。

④ 球磨机

球磨机是物料被破碎之后，再进行粉碎的关键设备。它广泛应用于水泥，硅酸盐制品，新型建筑材料、耐火材料、化肥、黑与有色金属选矿以及玻璃陶瓷等生产行业，对各种矿石和其他可磨性物料进行干式或湿式粉磨。球磨机适用于粉磨各种矿石及其他物料，被广泛用于选矿、建材及化工等行业，可分为干式和湿式两种磨矿方式。

a. 工作原理　球磨机是由水平的筒体、进出料空心轴及磨头等部分组成的，筒体为长的圆筒，筒内装有研磨体，筒体为钢板制造，由钢质衬板与筒体固定，研磨体一般为钢质圆球，并按不同直径和一定比例装入筒中，研磨体也可用钢质。

根据研磨物料的粒度加以选择，物料由球磨机进料端空心轴装入筒体内，当球磨机筒体转动时候，研磨体由于惯性、离心力，以及摩擦力的作用，附在筒体衬板上被筒体带走，当被带到一定的高度时候，由于其本身的重力作用而被抛落，下落的研磨体像抛射体一样将筒体内的物料击碎。

物料由进料装置经入料中空轴螺旋均匀地进入磨机第一仓，该仓内有阶梯衬板或波纹衬板，内装各种规格的钢球，筒体转动产生离心力将钢球带到一定高度后落下，对物料产生重击和研磨作用。物料在第一仓达到粗磨后，经单层隔仓板进入第二仓，该仓内镶有平衬板，内有钢球，可将物料进一步研磨。粉状物通过卸料板排出，完成粉磨作业。

筒体在回转的过程中，研磨体也有滑落现象，在滑落过程中给物料以研磨作用。为了有效地利用研磨作用，对物料粒度较大的一般二十目磨细时，将磨体筒体用隔仓板分隔为二段，即成为双仓，物料进入第一仓时被钢球击碎，物料进入第二仓时，钢段对物料进行研磨，磨细合格的物料从出料端空心轴排出，对进料颗粒小的物料进行磨细时，如砂二号矿渣、粗粉煤灰，磨机筒体可不设隔板，成为一个单仓筒磨，研磨体也可以用钢质。

原料通过空心轴颈进入空心圆筒进行磨碎，圆筒内装有各种直径的磨矿介质（钢球、钢棒或砾石等）。当圆筒绕水平轴线以一定的转速回转时，装在筒内的介质和原料在离心力和摩擦力的作用下，随着筒体达到一定的高度，当自身的重力大于离心力时，便脱离筒体内壁抛射下落或滚下，利用冲击力击碎矿石。同时在磨机转动过程中，磨矿介质相互间的滑动运动对原料也产生研磨作用。磨碎后的物料通过空心轴颈排出。

b. 结构特点　主轴承采用大直径双列调心棍子轴承，代替原来的滑动轴承，减少摩擦，降低耗能，磨机容易启动。球磨机保留了普通磨机的端盖结构形式，大口径进出料口，处理量大。给料器分为联合给料器和鼓形给料器两种，结构简单，分体安装。没有惯性冲击，设备运行平稳，并减少了磨机停机停车维修时间，提高了效率。

⑤ 机械泵

机械泵是指利用机械方法对被抽容器进行抽气而获得真空的设备，也被称为机械真空泵。

机械泵由电机和泵体两大部分组成。普通型机械泵由电机通过皮带带动泵轴旋转；直连型机械泵是电机直接与泵轴连接，无中间传动环节。机械泵是利用气体膨胀、压缩、排出的原理，将气体从容器里抽出。之所以称为机械泵，是因为它是利用机械的方法，周期性地改变泵内吸气腔的容积，使容器中的气体不断地通过泵的进气口膨胀到吸气腔中，然后通过压缩经排气口排出泵外。改变泵内吸气腔容积的方式有活塞往复式、定片式和旋片式，对应的机械泵分别称为往复式机械泵、定片式机械泵和旋片式机械泵。实际应用中，旋片式机械泵使用较多。

特点：

a. 成本低廉、经济耐用；

b. 工作范围：大气~低真空；

c. 极限真空：10^{-3}torr（0.1Pa）；

d. 缺点：返油、振动。

⑥ 扩散泵

扩散泵是目前获得高真空的最广泛、最主要的工具之一。扩散泵是一种次级泵，它需要机械泵作为前级泵。

工作原理：扩散泵中的油在真空中加热到沸腾温度（约为200℃）产生大量的油蒸气，油蒸气经导流管由各级喷嘴定向高速喷出。由于扩散泵进气口附近被抽气体的分压强高于蒸气流中该气体的分压强。这样，被抽气体分子沿着蒸气方向高速运动，气体分子碰到泵壁又反射回来，再受到蒸气流碰撞而重新沿蒸气流方向流向泵壁。经过几次碰撞后，气体分子被压缩到低真空端，再由下几级喷嘴喷出的蒸气进行多级压缩，最后由前级泵抽走，而油蒸气在冷却的泵壁上被冷凝后又返回到下层重新被加热，如此循环工作达到抽气目的。

⑦ 麦氏真空计

麦氏真空计又名麦克劳真空计（也叫转动式压缩真空计），是根据理想等温压缩的波义耳——马略特定律设计而成。由于它可以通过本身的参数，直接算得压强值，因此它除了进行压强测量外，还可以作为绝对真空计来校验一些相对真空计（如座式压缩真空计），故被广泛用于工业、国防、科研、医药、制冷等真空度测量工作之中。

测量时将压力计缓慢旋转至直立状，然后轻微调节压力计的倾斜度，使右侧玻璃毛细管（比较开管）内的水银柱升至"0"刻度，对照刻度板，中间玻璃毛细管（测量闭管）内水银柱所处的刻度数值即为测得的真空度。

注意事项：测量时严禁使任何气体突然强烈地进入连接系统。读取刻度数值时视线应与水银柱端面处保持垂直。

（4）实验药品

煅烧白云石、硅铁。

（5）实验要求

a. 实验前按照指导书预习，根据实验任务书要求起草实验方案。

b. 根据实验安排的时间按时进入实验室进行钴镍废料预处理与物理分离实验。

c. 实验前认真检查实验仪器和设备是否完好，发现问题及时报告指导教师解决或补充。实验严格按照规程操作，观察实验现象、做好实验记录。实验完毕后清理实验台面，经指导教师许可后方可离开实验室。

d. 遵守实验室制度，注意安全，爱护仪器设备，节约水电原材料，保持环境清洁。

（6）实验步骤

1）实验操作

a. 装炉：称一定量煅烧后的白云石和硅铁混合物压制团块，将结晶器称重。将称好的试料装入反应罐内，依次装入隔热板、结晶器，盖好密封盖。再将反应罐套入加热炉内。

b. 启动机械泵，开预真空阀和扩散泵前置阀。

c. 打开冷却水，加热扩散泵。

d. 扩散泵加热约 0.5h，关闭预真空阀，开扩散泵主阀，由扩散泵对系统抽空。

e. 炉内真空度达 0.13Pa，关扩散泵主阀检漏，漏气率小于 0.13Pa/min。

f. 检漏合格，加热炉缓慢升温至 1100℃ 并保温 1～1.5h，真空度达到 0.67～0.13Pa。每 10min 记录一次温度和真空度。

g. 保温结束，加热炉降温断电，并推开与反应罐分离。

h. 反应罐冷却 30min 后，关扩散泵主阀并停止扩散泵加热，通入氩气继续冷却。

i. 停止扩散泵加热 40min 后，关扩散泵前置阀，停机械泵。

j. 反应罐冷却到 50～60℃，放气开炉，取出结晶器称重，将金属镁刮下，扒出镁及炉渣，送样分析。

2）试样制备与主要元素分析

白云石在马弗炉中煅烧，温度为 1100℃，时间为 1h；

煅烧白云石和硅铁分别经振动磨样机，磨细过 200 目筛，按要求配料，再在球磨筒内混合均匀，混合料在 1t/cm^2 压力下，压成团块。

金属镁分析 O、Si、Al、Ca、Fe 含量，渣分析 Mg 含量。

3）实验数据与结果的整理分析，必要的冶金计算

a. 根据煅烧白云石和硅铁的成分按还原反应式 $2CaO+2MgO+Si \Longrightarrow 2CaO \cdot SiO_2+2Mg$ 进行配料计算 Si 过量 20%。

b. 按称重计算金属镁的直收率与分析结果比较。

c. 作温度-真空度变化曲线。

（7）注意事项

a. 应经常检查反应罐及扩散泵冷却水，以免烧坏反应罐密封圈和扩散泵。

b. 机械泵启动后，应慢慢打开阀门，以免喷油。

c. 机械泵、扩散泵的启动、停止以及阀门的开、关应按操作要求的次序进行。

d. 密封圈端面及系统内表面应保持清洁，装炉前应进行认真清理密封圈上应涂上真空油脂，紧螺栓时要压平。

（8）思考题

a. MgO 的硅热还原，为何采用煅烧白云石作原料、硅铁作还原剂？

b. 现代冶金过程有哪些常用的真空冶金方法？

c. 说明真空系统各部件的作用，机械泵、扩散泵和麦氏真空计的工作原理。

5.5　火法提金实验

（1）实验目的

完成未知金和银含量的物料的试金分析方法。

（2）实验原理

试金分析是一种古老的方法，古代已有火试金法。公元 60 年左右，古罗马博物学者老普林尼即用过这类方法鉴定金："在一个泥罐中加一份金、两份盐、三份黄矾，再以两份盐和一份板岩粉的混合物覆盖表面，然后放在炭火上熔烧，由此可判断其是否真金。"此法是将银变为氯化银后渗入板岩中，然后用火法鉴别金。中国东汉的炼丹家魏伯阳在《周易参同契》一书中写有"金入于猛火，色不夺精光"，也是用火法鉴别真金和伪金（多为铜的合金或化合物）。明代谷应泰在《博物要览》一书中也记有"凡疑金物非真，要见原质者，用食（可能是食醋）调山黄泥涂金器，入炽炭中猛煅，若有假伪，其器即黑"。说的也是火试金法。这里说明伪金在炭火煅烧后，表面生成一层黑色氧化铜，而真金的颜色则不变[79]。

试金分析用来分析矿石和精矿中金和银的含量，由于包括复杂的化学反应，试金分析的理论研究要比工艺研究晚。试金分析可以分为许多操作步骤，其中重要的有取样、称重、配熔剂、配银、坩埚、熔化、灰吹、渣化和分金。每一步的解释如下。

1）取样

一个有代表性的样品是准确地试金分析的基础。多数矿石中只含少量的金和银（每吨一盎司，相当于百万分之三十四点三），很好地取样非常重要，识别特殊的矿样有没有小金块也是很重要的，可能严重地影响分析结果。一般试金分析用 18g 物料，这就认为是代表许多吨物料应用机械的或手动的分析机，并与适当的粒度粉碎机配合用，可能减少试金分析的取样误差。

2）称重

试金分析的样品准确称重是重要的，随后要得到金和银。样品可用足够精确的、灵敏度达 0.01g 的精密天平称重。金和银必须用特别的试金天平，以保证精确称重。试金天平应该至少能称到 0.0001g。

3）配熔剂

试金分析的原理是基于矿石或精矿能熔解在一些适当组成的炉渣中，在矿石熔解的同时形成熔融的铅相，它起到了捕集贵金属的作用，事实上一种矿石可能是碱性或酸性，可能是氧化性或还原性，含有的造渣成分是变化的，便要求加入一些熔剂，造出优良的炉渣，并产生足够的铅滴下落。一般与火法的炉渣结合的所有化合物，在试金分析中都会存在，如二氧化硅、三氧化铝、氧化钙等。

一般作为熔剂加入的有下列化合物：苏打是作为碱性熔剂加入的，以便与酸性矿石作用。

密它僧（PbO）的加入是提供铅原料，硼砂、玻璃的加入是作为造渣组分；加入萤石（CaF_2）是增加熔渣的流动性；面粉是作为氧化矿石的还原剂加入的；硝酸钾是作为还原矿石的氧化剂加入的；配银是加入定量的银，使其能捕集好矿石中的金和银。

每种熔剂的加入量主要取决于矿石特性，基本上是根据经验来运用。有关参考文献中介绍了用于各种矿石的配法，具有一定的普遍指导意义，可用于各种特性的矿石，硫化矿石一般还原性很强，石英质矿石则酸性很强等等。根据硅酸度和主要组成来讨论炉渣。

4）配银

为了更好地捕集金和银，配银就是配入已知量的银，是试金分析的一个重要步骤，为了用硝酸溶解银而分离金，需要的银量至少应为金量的 3 倍。

5）坩埚熔化

坩埚熔化的步骤就是将矿石和熔剂加入炉中，在足够的高温和一定时间内造好渣并熔出铅。一般是在 30g 容量的耐火泥坩埚内进行，在 900℃ 下熔化 25min。足够的加热温度和时间是使反应充分进行的前提和基础。

熔化好以后，将熔体铸入铁模中，炉渣则浮于表面，贵铅仍留在模底，待试样冷却后，将渣敲碎而与贵铅分离。

6）灰吹

灰吹步骤是将坩埚熔化得到的贵铅放入骨灰皿中，再将骨灰皿放入 900℃ 的炉子中，贵铅中的铅被氧化并被骨灰皿吸收，金和银则留在皿底。

7）渣化

渣化是减少存在的铅量的方法，是将样品放在窄长的耐火泥盘烧舟中，加入玻璃硼砂与石英砂，加热以便分离铅。这一步骤也用于处理多次试金分析收集的小铅块。

8）分金

分金过程是用稀硝酸优先溶解银使其与金分离，采用瓷的分金杯设备以保证分金过程顺利进行，银与金的质量比至少为 3∶1。称重分金前后的金珠、银的质量是用减差法获得的。

试样中的另外一些贵金属，如铂系元素中的铂、钯、铑、铱、锇、钌，它们在火试金法中发生的变化为：铂、钯、铑会溶解在熔融的金属铅中，当试样放在烤钵中加热时，它们不会被氧化，而和金、银一起存在于金属小球中，在加入热的稀硝酸溶解银时，只有钯会溶解，铂和铑不溶解而留在金内，使金的质量增加。如果有铱存在，它将在烤钵内被氧化，形成一种黑色的沉积物，黏着在金属小球表面。在金属小球放在烤钵中加热时，锇和钌生成挥发性的氧化物（氧化锇的沸点为 130℃；氧化钌的沸点为 100℃）而损失掉。由于以上原因，如果要分析试样中的铂系元素，就不能使用火试金法，而要用其他的化学分析法[80,81]。

（3）实验设备

a. 试金炉；

b. 坩埚钳；

c. 灰皿钳；

d. 石棉手套；

e. 防护眼镜；

f. 30g 的耐火泥坩埚；

g. 骨灰皿；

h. 铁的铸模；

i. 小锤；

j. 分金杯；

k. 分析天平；

l. 缩分样机。

（4）实验药品

a. 硝酸；

b. 含银石英砂（inquarts）；

c. 苏打粉；

d. 石英砂；

e. 密它僧（PbO）；

f. 硼砂玻璃；

g. 萤石；

h. 面粉；

i. 硝酸钾。

（5）实验要求

a. 实验前按照指导书预习，根据实验任务书要求起草实验方案。

b. 根据实验安排的时间按时进入实验室进行钴镍废料预处理与物理分离实验。

c. 实验前认真检查实验仪器和设备是否完好，发现问题及时报告指导教师解决或补充。实验严格按照规程操作，观察实验现象、做好实验记录。实验完毕后清理实验台面，经指导教师许可后方可离开实验室。

d. 遵守实验室制度，注意安全，爱护仪器设备，节约水电原材料，保持环境清洁。

（6）实验步骤

a. 取出矿粉（过 200 目筛）样。

b. 称重矿石或精矿样（一般为 14.583g）。

c. 称出熔剂：15g 苏打粉，7g 硼砂，10g 石英砂，20g 硝酸钾，110g 密它僧。

d. 小心将样品和熔剂放进坩埚并充分混合。

e. 将试样放入 950℃的马弗炉中，戴上石棉手套和防护镜是很重要的。

f. 在接近 40～45min 内熔化后，取出坩埚，将熔体注入热的铁铸模中。铅汇集在底部，渣浮于顶部，目测炉渣的特性是很重要的。炉渣必须容易流出，坩埚内不剩有任何块子或未熔的粒子。

g. 将渣打碎与冷却了的铅分开。

h. 锤出铅上的余渣，保证称好产出的贵铅，应称出约 15g 贵铅，如果贵铅太少，便需要少氧化或多还原一些。如果贵铅太多，则相反。

i. 将贵铅锤呈立方体样并将它放入骨灰皿中。

j. 将灰皿放入 900℃的马弗炉中，保存到灰皿中只留有贵金属为止。

k. 称重余下的金、银珠。

l. 将金、银珠锤成薄片并煅烧之，有助于分金过程。

m. 放在分金杯中，用 1∶6 的硝酸优先溶解银。然后称重金子，银重用减差法获得。

（7）注意事项

必须小心练习完成试金分析任务。将物品放入炉中或从炉中取出时应该戴石棉手套和防护眼镜。在使用硝酸时应小心，不要使任何药物溅溢到身上。

（8）思考与讨论

a. 对下列矿石样应使用什么试剂作熔剂：

a）石英质脉石；

b）硫化物精矿；

c）含炭质物料。

b. 什么提取冶金过程类似于坩埚熔化、灰吹和分金。

c. 用了 1000 多年的分析金和银的试金法，为何现在还在继续采用？

第3篇
电子废弃物有价元素提取与分析

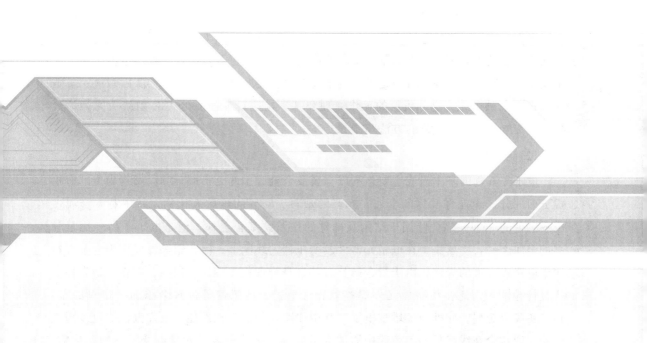

第 **6** 章

电子废弃物分离及有价元素测定实验

6.1 电子废弃物组成成分测定实验

（1）实验目的

电子废弃物也称为电子垃圾，主要是指达到使用寿命而报废的或在使用过程中因外界因素丧失使用功能的电子产品，包括生产领域电子产品加工制造过程中产生的各类废品和废料以及生活领域产生的各类报废通信设备、计算机、打印机、家用电器、精密电子仪器仪表等。本实验的目的是了解电子废弃物种类及组成成分测定的实际意义；了解便携式 X 射线荧光光谱分析仪的工作原理和基本构造；掌握便携式 X 射线荧光光谱分析仪测定电子废弃物成分的方法和步骤。

（2）实验原理

电子废弃物的基本组成主要包括以金属及合金为主的无机成分和以塑料为主的有机成分两部分，含有约 40% 的金属、30% 的塑料、30% 的难熔氧化物，其中基本金属占废料总量的 39% 左右。除用于结构及部件的铁及铁基合金外，铜是电子产品中用量较多的金属之一，主要集中在电子元器件及变压器的线圈上；锡、铅等主要作为合金焊料用于电路板元件的焊接；由于贵金属具有其自身物理化学特性决定的良好化学稳定性和优良传导性，因此在线路板元件焊接处、继电器、传感器等位置会添加一定量的金、银、铂等贵金属。此外为了增加电子产品中线路板的抗氧化性能、抗高温性能以及阻燃性能，通常会在线路板的覆盖膜中添加少量的镉、铬等重金属元素以及阻燃剂溴化物。部分电子废弃物中主要有价金属含量见表 6-1[82]。

表 6-1 部分电子废物中的主要有价金属含量

电子废料	Fe/%	Cu/%	Al/%	Pb/%	Ni/%	Ag/(mg/L)	Au/(mg/L)	Pd/(mg/L)
TV 线路板废料	28	10	10	1.0	0.3	280	20	10
PC 面板废料	7	20	5	1.5	1	1000	250	110
手机废料	5	13	1	0.3	0.1	1380	350	210
DVD 废料	62	5	2	0.3	0.05	115	15	4

续表

电子废料	Fe/%	Cu/%	Al/%	Pb/%	Ni/%	Ag/(mg/L)	Au/(mg/L)	Pd/(mg/L)
计算器废料	4	3	5	0.1	0.5	260	50	5
PC 主板废料	4.5	14.3	2.8	2.2	1.1	639	566	124
印刷线路板废料	12	10	7	1.2	0.85	280	110	—
PC 废料	20	7	14	6	0.85	189	16	3
典型电子废物	8	20	2	2	2	2000	1000	50
印刷线路板	5.3	26.8	1.9	—	0.47	3300	80	—
电子废物综合料	36	4.1	4.9	0.29	1.0	—	—	—

对于电子废弃物中部分有价金属含量，可以采用 X 射线荧光光谱分析技术进行测定，同时将其量化。它可以根据 X 射线的发射波长（λ）及能量（E）确定具体元素，而通过测量相应射线的密度来确定此元素的量[83-85]。其原理是从 X 光发射管里放射出来的高能初级射线光子会撞击样本元素。这些初级光子含有足够的能量可以将最里层即 K 层或 L 层的电子撞击脱轨。这时，原子变成了不稳定的离子。由于电子本能会寻求稳定，外层 L 层或 M 层的电子会进入弥补内层的空间。当较外层的电子跃入内层空穴所释放的能量不在原子内被吸收，而是以辐射形式放出，则被称为二次 X 射线光子，即 X 射线荧光，其能量等于两能级之间的能量差[86]。因此，X 射线荧光的能量或波长是特征性的，与元素有一一对应的关系。这个关系用式(6-1) 表示：

$$E = hc/\lambda \tag{6-1}$$

式中，h 为普朗克常数；c 代表光速；而 λ 为具体光子的波长。

波长和能量成反比，因元素不同而不同。例如，铁原子 Fe 的 K_α 能量大约是 6.4keV。特定元素在一定时间内所放射出来的 X 射线的数量或者密度能够用来衡量这种元素的数量。

X 射线荧光光谱具有准确度高、分析速度快、试样形态多样及测定时的非破坏性等特点，它不仅用于常量元素的定性和定量分析，而且也可进行微量元素的测定，其最低检出限多数可达 10^{-6}，与分离、富集等手段相结合，可达 10^{-8}。测量的元素范围包括周期表中从 F~U 的所有元素。一些较先进的 X 射线荧光分析仪器还可测定铍、硼、碳等超轻元素；而多道 XRF 分析仪，在几分钟之内可同时测定 20 多种元素的含量。

由于 X 射线具有一定波长，同时又有一定能量，因此，X 射线荧光光谱仪有两种基本类型：波长色散型和能量色散型。

X 射线荧光光谱仪主要由激发、色散、探测、记录及数据处理等单元组成。激发单元的作用是产生初级 X 射线，它由高压发生器和 X 射线管组成，后者功率较大，用水和油同时冷却。色散单元的作用是分出想要波长的 X 射线，它由样品室、狭缝、测角仪、分析晶体等部分组成。通过测角器以 1：2 速度转动分析晶体和探测器，可在不同的布拉格角位置测得不同波长的 X 射线而作元素的定性分析。探测器的作用是将 X 射线光子能量转化为电能，常用的有盖格计数管、正比计数管、闪烁计数管、半导体探测器等。记录单元由放大器、脉冲幅度分析器、显示部分组成。通过定标器的脉冲分析信号可以直接输入计算机，进行联机处理而得到被测元素的含量。

XRF 主要有以下应用。

a. 定性和半定量分析。X 射线荧光的能量或波长是特征性的，与元素有一一对应的关系。因此只要测出荧光 X 射线的波长，就可以知道元素的种类。可一次在荧光屏上显示出全谱，对物质的主次成分一目了然，有其独到之处。

b. 定量分析。测得荧光 X 射线的强度与相应元素的含量有一定的关系，据此可进行元素定量分析。定量分析可分为两类，即试验校正法（或称标准工作曲线法）和数学校正法。它们均以分析元素的 X 射线荧光（标识线）强度与含量具有一定的定量关系为基础。

c. 化学态分析。通过 X 射线光谱的精细结构（包括谱线的位移、宽度和形状的变化等）来研究物质中原子的种类及其本质、氧化数、配位数、化合价、离子电荷、电负性和化学键等，可以获得许多其他手段难以取得的重要结构信息。

d. 测量镀层的厚度。特定 X 射线由镀膜、基材及中间膜层产生，检测系统将其转换为成比例的电信号，且由仪器记录下来，通过测量 X 射线的强度可得到镀膜的厚度。

（3）实验设备

便携式 X 射线荧光光谱分析仪。

（4）实验方法及步骤

1）样品制备

进行 X 射线荧光光谱分析的样品，可以是固态，也可以是水溶液。无论什么样品，样品制备的情况对测定误差影响很大。对金属样品要注意成分偏析产生的误差；化学组成相同、热处理过程不同的样品，得到的计数率也不同；成分不均匀的金属试样要重熔，快速冷却后车成圆片；对表面不平的样品要打磨抛光；对于粉末样品，要研磨至 $300\sim400$ 目，然后压成圆片，也可以放入样品槽中测定。对于固体样品如果不能得到均匀平整的表面，则可以把试样用酸溶解，再沉淀成盐类进行测定。对于液态样品可以滴在滤纸上，用红外灯蒸干水分后测定，也可以密封在样品槽中。总之，所测样品不能含有水、油和挥发性成分，更不能含有腐蚀性溶剂。

2）定性分析

不同元素的荧光 X 射线具有各自的特定波长或能量，因此根据荧光 X 射线的波长或能量可以确定元素的组成。如果是波长色散型光谱仪，对于一定晶面间距的晶体，由检测器转动的 2θ 角可以求出 X 射线的波长 λ，从而确定元素成分。对于能量色散型光谱仪，可以由通道来判别能量，从而确定是何种元素及成分。但如果元素含量过低或存在元素间的谱线干扰时，仍需人工鉴别。首先识别出 X 光管靶材的特征 X 射线和强峰的伴随线，然后根据能量标注剩余谱线。在分析未知谱线时，要同时考虑样品的来源、性质等元素，以便综合判断。

3）定量分析

X 射线荧光光谱法进行定量分析的根据是元素的荧光 X 射线强度 I_i 与试样中该元素的含量 C_i 成正比，即 $I_i=I_s\times C_i$。式中，I_s 为 C_i 等于 100% 时，该元素的荧光 X

射线的强度。根据该公式，可以采用标准曲线法、增量法、内标法等进行定量分析。但是这些方法都要使标准样品的组成与试样的组成尽可能相同或相似，否则试样的基体效应即指样品的基本化学组成和物理化学状态的变化对 X 射线荧光强度会造成影响。化学组成的变化会影响样品对一次 X 射线和 X 射线荧光的吸收，也会改变荧光增强效应。例如，在测定不锈钢中 Fe 和 Ni 等元素时，由于一次 X 射线的激发会产生 Nika 荧光 X 射线，Nika 在样品中可能被 Fe 吸收，使 Fe 激发产生 Feka。测定 Ni 时，因为 Fe 的吸收效应使结果偏低，测定 Fe 时，由于荧光增强效应使结果偏高。

4）具体操作步骤，以 Innov-X 型号 X 荧光分析仪为例。

a. 在主菜单中选择"分析"，打开分析模式。

b. 将分析仪对准等待样品，应保证样品尽可能覆盖主分析窗口，而且与分析窗口尽可能平齐。

c. 单击打开触发锁，它位于 iPAQ 显示屏"电量指示"图标的正上方。按提示选择是。

d. 按下触发钮开始测试。这时，显示屏会提示"正在进行测试"与测试已经耗费的时间，而且在 iPAQ 屏右下角还会出现"测试"图标。此外，分析仪前部的发光二极管会不断闪烁，这表示 X 射线管已经通电，辐射防护闸也已经打开。

e. 整个测试过程中，应确保分析窗口一直都对准样品。

f. 测试完成，系统会提示"测试结束"。如果是当天第一次测试，结果显示屏的打开需要些许时间，屏幕中央会出现旋转图标提示。

g. 随后，可直接按下触发钮进行测试，系统会从结果显示屏切换到分析显示屏，以提示测试过程。

（5）注意事项

a. 无论是否通电，请勿将 Innov-X X 荧光分析仪对准任何人或任何身体部位。

b. 在测试过程中，尤其是合金测试，难免需要测试一些小型样品，比如弯管、焊接条、金属线、小扣件、螺钉与螺帽等，测试时务必遵循这条具体的指示：不可将样品用手指捏着或置于手掌上。

c. 测试时要贴在样品上，准确度高；粉末样品要压片后测试。

d. 机器连续作业不可超过 2h，随后切记关机取出电池休息 30min。

e. 使用前检查保护膜是否完好无损。

f. 一定要小心装拆 PDA，严格按照正常的开机、关机顺序操作，否则机器易发生短路损坏。

（6）实验报告要求

a. 记录每次测量的实验条件，分析实验条件对测试结果的影响。

b. 以 2～3 人为一组，记录下各自的测试条件，将实验数据及结果以表格形式列出。

（7）思考与讨论

a. 如何正确制备测试样品？

b. 测量方式和实验参数的选择对测试结果有何影响？

6.2 机械物理分离实验

(1) 实验目的

电子废弃物有价元素提取之前需要进行机械物理分离，包括机械或人工拆解，主要目的是对其中的可用部分进行回收，分离出无用部件；拆解后的机械破碎目的是降低原料尺寸，增大物料颗粒比表面积，提高下一步冶炼过程的金属综合回收率；分选通常采用重选、浮选等方式对破碎后的原料进行物理富集以进一步提高金属品位。本实验的目的是对废电子线路板进行手工拆解，了解其内在的具体结构、各部件材料组成，并对拆解出的材料进行分类；了解破碎、粉磨和筛分技术的原理和特点；掌握电子废弃物机械预处理流程相关知识。

(2) 实验原理

常用的破碎设备有锤碎机、锤磨机、切碎机和旋转破碎机等[87]。对于印刷线路板（PCB），其基板是由玻璃纤维强化的树脂板与附着其上的铜箔和金属导线等组成，具有硬度高、韧性好等特点，采用具有剪切作用的设备对其粉碎可获得良好的解离效果。例如环形破碎机（如图 6-1 所示），利用安装在中间转筒周围能够自由旋转的压环与设备内壁间形成的剪切力对 PCB 进行破碎，该设备可有效地解决破碎后金属的缠绕现象。此外，还有旋转破碎机（如图 6-2 所示），是具有挤出、冲击和剪切作用的旋转破碎设备。设备主体由破碎室、转子和定子构成，在破碎室上边配有喷雾冷却装置。当转子高速旋转时，安装在转子和定子上的刀片对 PCB 造成强烈冲击与剪切而将其粉碎，同时喷雾冷却装置对粉碎过程进行冷却，以减少粉碎过程产生

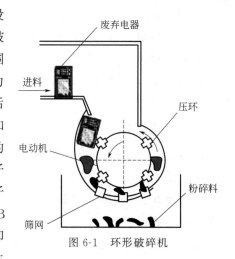

图 6-1 环形破碎机

的有毒气体与灰尘。该设备可将 PCB 一次粉碎成 1～3mm 的颗粒。一般地，经粉碎得到的电子废弃物颗粒粒度分布较宽，需利用颗粒的尺寸与形状特性进行筛分分级，以便为后续的机械物理分离提供尺寸均匀的颗粒进料。回转筛因具有不易堵塞筛孔且操作简单等优点而适于电子废弃物颗粒的筛分分级；也可使用振动筛。本实验利用破碎、粉磨工具对电子废弃物施力而将其粉碎，所得产物根据粒度的不同，利用不同筛孔尺寸的筛子将物料中小于筛孔尺寸的细物粒透过筛面，大于筛孔尺寸的粗物粒留在筛面上，从而完成粗、细分离的过程。

1) 破碎

① 破碎的定义

利用外力克服电子废弃物点间的内聚力而使大块固体废物分裂成小块的过程称为破

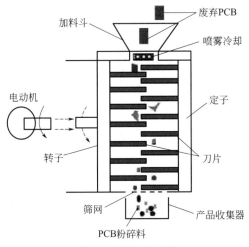

加料斗

废弃PCB

喷雾冷却

电动机

定子

转子

刀片

筛网

产品收集器

PCB粉碎料

图 6-2　旋转破碎机

碎。破碎是所有电子废弃物处理方法的必不可少的预处理工艺，也是后续处理与处置必须经过的过程[88]。

② 破碎的目的

a. 减容。便于运输和储存。

b. 为分选提供所要求的入选粒度。

c. 增加比表面积，提高焚烧、热分解、熔融、浸出等作业的稳定性和热效率。

d. 若下一步需进行填埋处置，破碎后压实密度高而均匀，可加快复土还原。

e. 防止粗大、锋利的固体废物损坏分选等其他设备。

2) 粉碎

① 粉碎的定义

粉碎是用机械力的方法来克服固体物料内部凝聚力，使之破碎为粉状物料的单元操作。破碎是将块状物料变成粒状物料，磨碎是将粒状物料变成粉状物料[89]。

② 粉碎的分类（按细度分）

a. 粗粉碎：原料粒度在 40～1500mm 范围内，成品粒度为 5～50mm。

b. 中粉碎：原料粒度在 10～100mm 范围内，成品粒度为 5～10mm。

c. 微粉碎：原料粒度在 5～10mm 范围内，成品粒度为 $100\mu m$ 以下。

d. 超微粉碎：原料粒度在 0.5～5mm 范围内，成品粒度为 $10～25\mu m$ 以下。

3) 筛分

① 筛分的定义

筛分是利用筛子将物料中小于筛孔的细粒物料透过筛面，而大于筛孔的粗粒物料留在筛面上，完成粗、细粒物料分离的过程。该分离过程可由物料分层和细粒透筛两阶段组成的。物料分层是完成分离的条件，细粒透筛是分离的目的[90]。

② 筛分的原理

为了使粗细物料通过筛面而分离，必须是物料和筛面之间具有适当的相对运动，使筛面上的物料层处于松散状态，即按颗粒大小分层，形成粗粒位于上层、细粒位于下层的规则排列，细粒到达筛面并透过筛孔。同时，物料和筛面的相对运动还可使堵在筛孔上的颗粒脱离筛孔，但它们透筛的难易程度却不同。粒度小于筛孔尺寸 3/4 的颗粒，很容易通过粗粒形成的间隙到达筛面而透筛，称为"易筛粒"；粒度大于筛孔尺寸 3/4 的颗粒，很难通过粗粒形成的间隙，而且力度越接近筛孔尺寸就越难透筛，这种颗粒称为"难筛粒"[91]。

③ 筛分的作用

筛分常与粉碎相配合，使粉碎后物料的颗粒大小近于相等，以保证合乎一定的要求或避免过分的粉碎。

（3）实验仪器及试剂

本次实验用到的仪器有剪切式破碎机、密闭式粉碎机、标准筛 1 套、电子天平 1 台、烘箱 1 台。

（4）实验方法及步骤

a. 手工拆除废线路板上的元器件，并将线路板基板拆解成 5cm×5cm 的小块。

b. 称取废线路基板 1kg 左右，加入剪切式破碎机中破碎。

c. 破碎后的固体分 7 份放入密闭式粉碎机的 7 个破碎室中，破碎 5min。

d. 将标准筛按筛目由大到小的顺序摆放好，将密闭式粉碎机破碎室中的物料加入位于顶部的标准筛中，开始筛分。

e. 分别称取不同筛孔尺寸筛子的筛上产物质量，记录数据。

f. 将称量完的物料按尺寸大小分别回收。

（5）实验报告要求

a. 实验数据记录（见表 6-2）。

表 6-2 不同目数未经球磨机后筛分的筛上产物质量

目数	孔径/mm	筛上产物质量/g	质量百分比/%
20			
60			
100			
200			
400			
总质量/g			

b. 以筛分后物料在各粒径范围的分布作柱形图。

c. 以各粒径范围内物料质量占总物料的百分比作饼图。

（6）思考与讨论

a. 实验过程中如何尽可能减小实验误差？

b. 常用的破碎机械有哪些？破碎原理和适用领域各有何不同？

6.3　有价元素浸出实验

(1) 实验目的

电子废弃物通过物理手段分选保留并提高有价组分的比例之后，需要再通过化学方法对其中的金属进行富集提纯。化学方法处理电子废弃物第一步就是有价元素浸出，利用化学试剂将电子废弃物中的有价元素溶解，从固相转入液相。本实验的目的是了解有价元素的湿法浸出原理（以铜的氨性浸出为例）；掌握电子废弃物中金属元素浸出实验方案的设计。

(2) 实验原理

电子废弃物中往往含有大量的铜。参考黄铜矿的浸出方法，按浸出剂种类不同，铜的浸出体系可分为酸浸、离子液体浸出、氨浸、氯盐浸出及生物浸出等[92]。

硫酸价格低廉且易保存，常用作黄铜矿浸出剂。常压浸出条件下，单纯的硫酸体系浸出率较低，所以需借助氧化剂（如 MnO_2、H_2O_2 等）来促进黄铜矿的浸出。常压下体系中加入氧化剂可在一定程度上提高铜浸出率，但仍不够高效。因此，加压强化浸出体系得到发展。根据硫在不同温度下的形态及性质，加压氧化浸出体系分为高温高压浸出（200～230℃）、中温中压浸出（140～180℃）和低温低压浸出（100～120℃）。高温高压能促进矿石高效溶解，但能耗高、安全性较差；低温低压下，由于温度低于硫的熔点，使得浸出过程中生成硫单质钝化层，影响后续黄铜矿的进一步浸出。相比而言，中温中压条件相对温和，因此，目前大多数现行工艺均选用中温中压条件。

离子液体又称室温离子液体，是指完全由特定阴阳离子构成的、在室温或近于室温条件下呈液态的离子体系。离子液体中的阴阳离子之间可以产生强烈的静电作用及空间位阻，能有效破坏黄铜矿晶体的稳定结构，降低其活化能，从而使铜更易于浸出。离子液体与其他溶剂相比，具有熔点低、稳定性高、密度大、黏度大、溶解性强、导电性能好和离子间库仑力大等优点，因此，近年来被广泛应用于黄铜矿的浸出。离子液体可有效促进黄铜矿的浸出，但离子液体种类繁杂、价格昂贵，限制了其在湿法冶金中的应用。

氨浸法又称阿尔比特法，是一种利用空气中的氧或纯氧作氧化剂、氨与铵盐的促进作用实现浸出的方法。氨浸是一种较好的黄铜矿浸出方法，对设备腐蚀性较小；但浸出过程中，极易在未溶解矿物表面产生钝化层（如 Fe_2O_3 等），进而抑制反应的进一步进行。向体系施加较大的氧分压，可以降低或消除钝化层的产生，但能耗较高且对设备要求也很苛刻。

氯盐浸出是利用电位较高的氯化物作氧化剂。与硫酸盐及碳酸盐等盐类相比，氯盐具有溶解能力强、用量较少等优点。用于浸出黄铜矿的氯盐浸出剂有氯化铜（$CuCl_2$）、三氯化铁（$FeCl_3$）等。氯盐可以有效促进黄铜矿的浸出，但 Cl^- 对设备腐蚀性强，限制了其工业应用。

生物浸出又称细菌浸出，是利用细菌代谢过程中产生的 Fe^{3+} 和硫酸等实现浸出的一种方法。细菌浸出机制主要分为直接、间接和混合浸出。直接浸出是使微生物在矿物表面吸附，并借助 Fe^{3+} 和 H^+ 的协调作用，直接将黄铜矿氧化分解。间接浸出是利用微生物的氧化作用，使体系中 Fe^{2+} 不断转化为 Fe^{3+} 的同时生成一定量硫酸，进而促进黄铜矿分解。混合浸出是直接浸出与间接浸出同时作用。生物浸出所需细菌按其最佳适宜生长温度分为中温菌、中等嗜热菌及极端嗜热菌。中等嗜热菌较极端嗜热菌虽能耐受较高的金属离子及矿浆浓度，但反应过程中产生的大量热会导致体系温度明显升高，甚至超出中温菌的适宜生长环境，因此黄铜矿的生物浸出多采用极端嗜热菌。

对于电子废弃物，选用氨水—氯化铵缓冲溶液浸出铜。它是利用金属铜在氧化剂存在的条件下，氨分子和铵根离子与铜表面形成的氧化膜发生络合反应形成可溶性的铜氨络合物，从而使废弃电脑印刷线路板中的铜转移进入液相中。

向浸出液中添加强氧化剂——过氧化氢（H_2O_2）可增加废旧电路板粉末中铜的溶解效率，其机制是 H_2O_2 在浸出反应过程中先分解成水和新生氧，新生氧易与铜发生反应形成铜氧化物，同时待溶解的金属铜也加速了过氧化氢的分解反应。金属铜表面的铜氧化物一旦形成，浸出液中的 NH_3 分子和 NH^{4+} 立即与其发生反应生成可溶性的铜氨络合物，透过液膜层向溶液中扩散，消除了金属氧化物形成的致密层对反应物和反应产物所造成的传输阻力，增加了金属的溶解速度，从而大大提升了金属铜的浸出率[93]。该过程用化学反应式表达如下：

a. 过氧化氢（H_2O_2）分解生成水和新生氧。

$$H_2O_2 \Longrightarrow H_2O + \frac{1}{2}O_2 \tag{6-2}$$

b. 溶解于水中的氧被吸收到金属铜的表面发生化学反应，形成铜氧化膜，铜氧化膜与 NH_3 或 NH^{4+} 发生反应，形成铜氨络合物。

$$Cu + \frac{1}{2}O_2 + 4NH_3 + H_2O \Longrightarrow [Cu(NH_3)_4]^{2+} + 2OH^- \tag{6-3}$$

另外，由于 $[Cu(NH_3)_4]^{2+}/[Cu(NH_3)_2]^+$ 氧化还原电位比 $[Cu(NH_3)_2]^+/Cu$ 的大，因此，新生成的 $[Cu(NH_3)_4]^{2+}$ 可以作为溶解铜的氧化剂，其化学反应式如式(6-4)所示：

$$Cu + [Cu(NH_3)_4]^{2+} \Longrightarrow 2[Cu(NH_3)_2]^+ \tag{6-4}$$

式(6-4)所生成的 $[Cu(NH_3)_2]^+$ 又与溶解于浸出液中的 O_2 反应，反应式如式(6-5)所示：

$$[Cu(NH_3)_2]^+ + \frac{1}{2}O_2 + 4NH_3 + 2H^+ \Longrightarrow 2[Cu(NH_3)_4]^{2+} + H_2O \tag{6-5}$$

在反应中加入（$NH_4)_2SO_4$ 溶液来调节上述反应的平衡方向，以加快浸铜的速率[94]。

（3）实验仪器及试剂

仪器：多头磁力搅拌器、电子天平、锥形瓶、磁转子、真空抽滤机。

试剂：氯化铵、氨水、双氧水、纯水、电子废弃物废料。

（4）实验方法及步骤

1）称取试样

称取 20g（20 目）废料置于 500mL 锥形瓶中，加入一定量的浓氨水、H_2O_2、氯化氨溶液、氨水浓度 3mol/L、氯化铵溶液 2mol/L、H_2O_2 2mL，固液比 10∶1（mL∶g）。

2）搅拌均匀

用磁力搅拌器，在 45℃下以 450rpm 的搅拌速率进行搅拌，让反应进行充分。

3）过滤分离

用真空抽滤机对反应后的溶液进行抽滤，滤渣收集，滤液放置于合适条件下贮存备用，待下节用原子吸收分光光度计测定溶液中铜的含量，参考实验 1.2，计算铜浸出率。

（5）实验报告要求

a. 分析不同反应时间对铜浸出率的影响。

b. 分析双氧水浓度对铜浸出率的影响。

（6）思考与讨论

a. 实验过程中如何尽可能减少误差？

b. 废弃物粉末粒度对反应过程会有影响吗？如何影响？

c. 氨液浸铜的方法如何改进？

6.4　浸出液中有价元素含量测定实验

（1）实验目的

电子废弃物中的有价金属被浸出后，需要明确有多少量的物质进入溶液，这需要测定溶液中有价元素的含量。本实验的目的是了解原子吸收光谱仪的基本原理；掌握试样制备的基本方法；掌握浸出液中有价元素的分析方法。

（2）实验原理

原子吸收光谱法又称原子吸收分光光度分析法[95]。于 20 世纪 50 年代由澳大利亚物理学家瓦尔什（A. Walsh）提出，而在 60 年代发展起来的一种金属元素分析方法。它是基于含待测组分的原子蒸汽对自己光源辐射出来的待测元素的特征谱线（或光波）的吸收作用来进行定量分析的[96]。当有辐射通过自由原子蒸气，且入射辐射的能量等于原子中的电子由基态跃迁到较高能态（一般情况下都是第一激发态）所需的能量时，原子就要从辐射场中吸收能量，产生共振吸收，电子由基态跃迁到激发态，同时伴随着原子吸收光谱的产生。由于各元素的原子结构和外层电子的排布不同，元素从基态跃迁至第一激发态时吸收的能量不同，因而各元素的共振吸收线具有不同的特征。原子吸收光谱位于光谱的紫外区和可见区。

在实验条件一定时，样品的吸光度与待测元素的含量成正比。根据这一原理即可进行定量分析。常用的定量分析方法有标准曲线法和标准样加入法。

1）标准曲线法

这是最常用的基本分析方法。配制一组合适的标准样品，在最佳测定条件下，由低浓度到高浓度依次测定它们的吸光度 A，以吸光度 A 对浓度 c 作图。在相同的测定条件下，测定未知样品的吸光度，在 A-c 标准曲线上用内插法求出未知样品中被测元素的浓度。

2）标准加入法

当无法配制组成匹配的标准样品时，使用标准加入法是合适的。分取几份等量的被测试样，其中一份不加入被测元素，其余各份试样中分别加入不同已知量 c_1，c_2，c_3，$\cdots$，c_n 的被测元素，然后，在标准测定条件下分别测定它们的吸光度 A，绘制吸光度 A 对被测元素加入量 c 的曲线。如果被测试样中不含被测元素，在正确校正背景之后，曲线应通过原点；如果曲线不通过原点，说明含有被测元素，截距所对应的吸光度就是被测元素所引起的效应。外延曲线与横坐标轴相交，交点至原点的距离所对应的浓度 C_x，即为所求的被测元素的含量。应用标准加入法，一定要彻底校正背景。

如欲测定试液中镍离子的含量，首先将试液通过吸管喷射成雾状进入燃烧的火焰中，含有镍盐的雾滴在火焰温度下，挥发并解离成镍原子蒸汽。以镍空心阴极灯作光源，当由光源辐射出波长为 232.0nm 的镍的特征谱线光，通过具有一定厚度的镍原子蒸汽时，部分光就被蒸汽中的基态镍原子吸收进而减弱。再经单色器和检测器测得镍特征谱线光被减弱的程度，即可求得试液中镍的含量。

由于原子吸收分光光度计中所用空心阴极灯的专属性很强，因此，一般不会发射那些与待测金属元素相近的谱线，原子吸收分光光度法的选择性高，干扰较少且易克服[97]。而且在一定的实验条件下，原子蒸汽中的基态原子数比激发态原子数多得多，故测定的是大部分的基态原子，这就是该法测定的灵敏度较高的原因。由此可见，原子吸收分光光度法是特效性、准确性和灵敏度都很好的一种金属元素定量分析法。

（3）实验设备及试剂

仪器：原子吸收光谱仪、超纯水机、空心阴极灯、移液器、容量瓶。

试剂：硝酸、金属标准液、蒸馏水、待测溶液。

（4）实验方法及步骤

1）试样制备

① 标准溶液的指标

将标准储备液分别稀释成不同的倍数，得到一系列浓度不同的标准溶液，用于绘制标准工作曲线。

② 待测试样的制备

将待测试样充分过滤洗涤后，稀释至相应倍数，装入容量瓶中，加水至标准线，摇匀备用。

2）测试过程

a. 做好实验前的安全工作。首先打开实验室窗户通风，接着打开总电源启动排气装置，这里主要考虑到实验所用的乙炔气体的危险性，若在密闭环境下积聚浓度太高就有发生爆炸的可能性。

b. 安装空心阴极灯。空心阴极灯是根据实验要求选取的，即测什么元素就用什么元素的空心阴极灯。说明：空心阴极灯的安装应在仪器打开之前完成，因为仪器一旦启动，其灯座上可能有电流通过，这时再徒手安装灯就有一定的危险。

c. 开启仪器前，检查水封是否合适，检查泵管是否连接好，有无泄漏。

d. 预热仪器。将仪器打开后预热半小时，这是为保证仪器运转的稳定性，从而提高测量的精确性。

e. 打开软件，根据国家标准确定仪器参数（波长、狭缝、灯电流、空气压力、空气流量、乙炔气压力、乙炔气流量）。

f. 绘制标准曲线。

g. 测量样品中元素含量。

h. 结束实验。注意首先关闭乙炔气阀，放出管路中多余的乙炔气，待火焰燃烧停止后关闭仪器，同时关闭空气压缩机与总电源。

i. 离开实验室。整理桌面，打扫卫生，关好窗户离开实验室。

（5）注意事项

a. 实验时要打开通风设备，使金属蒸汽排出室外。

b. 注意原子吸收光谱仪的操作顺序，点火时，先开空气，后开乙炔气。熄火时，先关乙炔气，后关空气。室内要有乙炔气味，应立即关闭乙炔气源，通风，排除问题后再继续实验。

（6）实验报告要求

a. 记录原始测量数据（见表 6-3）。

表 6-3　实验原始数据记录

序号	浓度/(μg/mL)	吸光度 A
1	0.2	
2	0.5	
3	1.0	
4	2.0	
5	3.0	

b. 根据表 6-3 的数据，以浓度 C 为横坐标，吸光度 A 为纵坐标，拟合成一条直线，得到 $A=KC+B$（K 为系数，B 为浓度为 0 时吸光度的值）形式的方程。

c. 通过 AAS 测得待测液的吸光度，再根据所得的关系图，即可以得到待测液的实际浓度，见表 6-4。

表 6-4　待测液的浓度

序号	吸光度 A	浓度/(μg/mL)
1		
2		

续表

序号	吸光度 A	浓度/$(\mu g/mL)$
3		
4		

d. 参考实验 2.4 和实验 1.2，计算铜浸出率。

(7) 思考与讨论

a. 实验过程中如何尽可能减小实验误差？

b. 为什么点燃火焰前，必须先开助燃气体，后开燃气；而结束时，要先关闭燃气，后关助燃气体？

6.5 电沉积有价元素实验

(1) 实验目的

浸出液中的铜可以通过电沉积回收。本实验的目的是了解电沉积法回收有价金属的基本原理（以电沉积铜为例）；掌握电沉积获得有价金属的方法。

(2) 实验原理

电沉积金属的原理与电解冶金相似，目前世界各国的湿法冶金大都采用金属盐溶液电解法，即以硫酸盐等简单金属盐的溶液进行电解，亦有用金属的复盐来冶炼的工艺[98]。

铜的电解精炼是以火法精炼的铜为阳极，硫酸铜和硫酸水溶液为电解质，电铜为阴极，向电解槽通直流电使阳极溶解，在阴极析出更纯的金属铜的过程。根据电化学性质的不同，阳极中的杂质或者进入阳极泥或者保留在电解液中而被脱出。

铜电解的基本原理是铜与阳极中各种杂质的电位不同，当通过直流电时，在阳极上一些杂质（如贵重金属）由于比铜的电位更高，因此不能电化溶解而以泥渣形态沉入电解槽底；比铜正电性小或者负电性的金属杂质，虽然能与铜一道在阳极上电化溶解，但却不能在阴极上放电析出。因此通过电解就能将铜与杂质分离，而在阴极上得到纯度相当高的电解铜[99]。如果采用惰性阳极，即为铜的电沉积过程。

1) 电解液成分

工业上采用的电解液除 $CuSO_4$ 和 H_2SO_4 外，还有少量溶解的杂质和有机添加剂。电解液成分的控制就是要保证足够的铜离子和 H_2SO_4 浓度。铜离子浓度大可以防止杂质析出，硫酸浓度大导电性好。但这两个条件是互相制约的，即 H_2SO_4 浓度大时，铜的溶解度降低，反之则升高。通常铜离子浓度为 $40\sim50g/L$，硫酸浓度为 $180\sim240g/L$。

要求电解液中的杂质尽量少，但长期积累也会升高，因此电解液必须净化。一般是根据具体情况将其定时抽出，并补充新的电解液。

电解液中的添加剂为表面活性物质，包括动物胶、硫脲和干酪素等，其作用是吸附在晶体凸出部分增加局部的电阻，保证阴极致密平整。

2）电流密度

电流密度是指每平方米阴极表面通过的电流安培数。显而易见，电流密度越大，生产率越高。电流密度的选择应考虑两个因素，即技术和经济。从技术方面说，因为电解时溶解和沉积速度总是超过铜离子迁移速度，电流密度大时，则因为浓差不同产生阳极钝化，而阴极则结晶粗糙，甚至出现粉状结晶。从经济方面说，电流密度过大，电压增加，电耗增大；同时由于提高电流密度，电解液循环量增大，会增大阳极泥的损失。最佳电流密度应根据具体条件选择，我国目前大都采用 $220\sim260A/m^2$ 的电流密度。

3）槽电压

铜电解精炼的槽电压为 $0.25\sim0.35V$，主要是由电解液电阻、导体电阻和浓差极化引起的电压降所组成。电解液的电阻与溶液成分和温度等有关，酸度大、温度高则电阻小，反之则电阻大。导体电阻与接触点电阻和阳极泥电阻有关。而浓差极化是由于阴阳极电解液成分不同所引起的，结果是产生与电解施加电压方向相反的电动势。根据研究，电解液电阻是最大的，占槽电压的 $50\%\sim70\%$，浓差极化引起的电压降占 $20\%\sim30\%$，而导体的电阻电压降占 $10\%\sim25\%$。

4）电流效率

电流效率是指实际阴极产出铜量与理论上通过 $1A\times h$（$=3.6kC$）电量应沉积的铜量之比的百分数。电流效率通常为 $97\%\sim98\%$。电流效率降低的原因是漏电、阴阳极短路、副反应如铁离子的氧化还原作用和铜的化学溶解等。

（3）电沉积铜的电极过程

铜电解精炼是在硫酸铜和硫酸溶液中进行，根据电离理论，溶液中存在 H^+、Cu^{2+}、SO_4^{2-} 和水分子，因此在阳极和阴极之间施加电压通电时，将发生相应的反应。根据电化学原理，在阳极上放电的是电极电位代数值较小的还原态物质，而在阴极上放电的是电极电位代数值较大的氧化态物质。因此，阳极上主要是铜的溶解，阴极上主要是铜的析出。

电沉积过程中，由外部电源提供的电流通过镀液中两个电极（阴极和阳极）形成闭合的回路。当电解液中有电流通过时，在阴极上发生金属离子的还原反应，同时在阳极上发生金属的氧化（可溶性阳极）或溶液中某些化学物种（如水）的氧化（不溶性阳极）[99]。其反应一般可表示如下：

$$\text{阴极反应：} \qquad M^{n+}+ne^-=\!=\!=M \qquad\qquad (6-6)$$

$$\text{副反应：} \qquad 2H^++2e^-=\!=\!=H_2（酸性镀液） \qquad\qquad (6-7)$$

$$2H_2O+2e^-=\!=\!=H_2+2OH^-（碱性镀液） \qquad\qquad (6-8)$$

当镀液中有添加剂时，添加剂也可能在阴极上反应。

$$\text{阳极反应：} \qquad M-ne^-=\!=\!=M^{n+}（可溶性阳极） \qquad\qquad (6-9)$$

$$\text{或} \qquad 2H_2O-4e^-=\!=\!=O_2+4H^+（不溶性阳极，酸性） \qquad\qquad (6-10)$$

$$\text{或} \qquad 2OH^-=\!=\!=1/2O_2+H_2O+2e^-（不溶性阳极）$$

铜电解精炼是在钢筋混凝土制作的长方形电解槽中进行，槽内衬铅皮或聚氯乙烯塑料以防腐蚀。电解槽放置于钢筋混凝土的横梁上，槽子底部与横梁之间要用瓷砖或橡胶板绝缘，相邻两个电解槽的侧壁间有空隙，上面放瓷砖或塑料板绝缘，再放导电钢排连接阴阳极。电解槽的结构如图 6-3 所示。

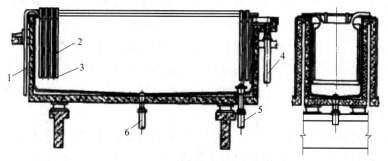

图 6-3　铜电解槽

1—进液管；2—阴极；3—阳极；4—出液管；5—放液孔；6—放阳极泥孔

（4）实验仪器及试剂

仪器：高精度电源、恒温槽、温度计、电吹风、分析天平、导线、石墨阳极、不锈钢阴极、PHI 98130 型防水笔式酸度计、移液器。

试剂：铜浸出液、稀硫酸、氢氧化钠、硫酸铜（铜浸出液量不够可以配模拟液替代）。

电解槽如图 6-4 所示。

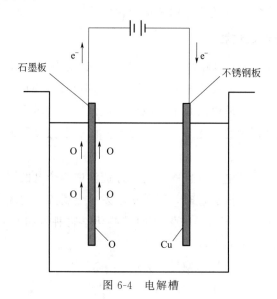

图 6-4　电解槽

（5）实验方法和步骤

1）电沉积铜粉的电解液成分及工艺条件（见表 6-5）

表 6-5　电沉积铜粉的电解液成分及工艺条件

电解液组成/(g·L^{-1})		工艺条件	
铜浸出液	Cu^{2+} 500～600	电流密度	1～8A/dm^2
稀硫酸	H_2SO_4 200	温度	20～50℃

配制电解液模拟铜浸出液，所用试剂均为分析纯，用去离子水配制电解液。

2）电极准备

将不锈钢阴极片（有效面积均为 65mm×65mm）工作面用砂纸磨光，非工作面绝缘处理后，用自来水和去离子水逐次认真清洗后，电吹风吹干，称重，带电置于电镀槽，以石墨为阳极，两极间距 8mm。

3）电沉积过程

将石墨电极接电源正极，不锈钢片接电源负极，接通电源并调节电流密度和（或）电压，待稳定沉积后，每隔 20min 刮一次粉，并以去离子和乙醇分别洗涤阴极铜板上的刮取物 4 次，用真空过滤机抽滤后放入真空干燥箱内，在 20~25℃ 环境下干燥 8h，即得单质超细铜粉。

（6）报告要求

a. 记录实验数据（见表 6-6），参考第一部分计算理论沉积量及电流效率。

表 6-6　不同电流密度下的电流效率及沉积速度

组次	电流密度 $\rho/$ (A/dm^2)	理论沉积量 W_{Cu}/g	实际沉积量 W_{Cu}/g	电流效率/%
1	1			
2	2			

b. 分析电流密度对测试结果的影响。

（7）思考与讨论

a. 电沉积过程主要包括哪些步骤？

b. 电子废弃物中哪些金属物质能够通过电沉积的方式进行回收利用？

6.6　贵金属浸出实验

（1）实验目的

电子废弃物浸出铜等贱金属之后的浸出渣中，往往含有大量贵金属。这些贵金属也具有重要的回收价值。本实验的目的是学习贵金属金的不同浸出原理，掌握金的硫代硫酸钠浸出方法，并评价不同硫代硫酸钠添加量对浸出效果的影响。

（2）实验原理

目前，研究发现浸金试剂主要分为两大类，一类为氰化物试剂，另一类为非氰提金试剂，包括含硫试剂、卤素系列试剂、有机物及生化试剂等。含硫试剂又可以分为硫代硫酸盐法、硫脲法、多硫化物法以及石硫合剂法[100] 等；卤素提金系列试剂则包括水氯化法、溴化法和碘量法等。

1) 氰化法

19 世纪发现金可在氰化物溶液中溶解后,人们想到了用氰化法提金,氰化法浸金是目前国内外处理金矿的常用方法,其浸金工艺成熟,技术经济指标理想,当前我国采用氰化法生产黄金的产量占全国黄金总产量的 60% 以上[101]。

氰化法浸金反应如式(6-11)所示[102]:

$$4Au+8CN^-+O_2+2H_2O \longrightarrow 4Au(CN)^{2-}+4OH^- \tag{6-11}$$

氰化法提取黄金收率高,成本较低,设备简单,对碳质金矿和含铜量高的金矿,金回收率低,但氰化物具有致命毒性,近年来氰化物的环境污染事故时有发生,可以预料非氰浸金法是目前乃至今后相当长时期内的重要研究课题。

2) 硫脲法

硫脲是在 1868 年首次合成的[103],1869 年就被发现对金银具有良好的溶解性能,20 世纪 70 年代,由于氰化法环境污染大,环保问题日益突出,硫脲浸金技术才开始在世界范围内受到重视。在酸性条件下,硫脲(NH_2CSNH_2)能溶解金与之形成阳离子络合物,浸金反应迅速[104],反应式如式(6-12)所示:

$$Au+2CS(NH_2)_2 \longrightarrow Au(CS[NH_2]_2)^+ +e^- \tag{6-12}$$

硫脲法浸金一般在酸性介质(如 HCl、H_2SO_4、HNO_3 等)中进行(pH<1.5),硫脲浸金采用 Fe^{3+} 作氧化剂[105,106],无毒、选择性好、溶金速度快,但硫脲价格昂贵、稳定性差、消耗大、成本高,且由于浸金体系呈酸性,对设备腐蚀较严重。

3) 硫代硫酸盐法

硫代硫酸盐浸金体系具有处理难浸金矿的潜在应用,该浸金体系已经引起了湿法冶金领域的关注,硫代硫酸盐法是用溶解氧作为氧化剂,金溶于碱性硫代硫酸盐($S_2O_3^{2-}$)溶液,形成 Au 络合物[107-109],反应式如式(6-13)所示:

$$4Au+8S_2O_3^{2-}+O_2+2H_2O \longrightarrow 4[Au(S_2O_3)_2]^{3-}+4OH^- \tag{6-13}$$

溶解速度取决于硫代硫酸盐与溶解氧的浓度和温度。在无氰提金研究中,由于硫代硫酸盐法是在碱性介质中浸出金,它优越于氰化法和硫脲法,该法在美国曾用于处理含金硫化铜精矿,金的浸出率达 90%[110]。通常用于浸金的硫代硫酸盐主要为硫代硫酸钠和硫代硫酸铵,两者均为无色或白色粒状晶体。添加细粒金属铜、金属锌[111]、金属铁、金属铝或可溶的硫化物从铜氨硫代硫酸盐澄清的溶液中沉淀金和银。烷基磷酸酯对金的硫代硫酸盐溶液的溶剂萃取研究表明,在碱性条件下金的回收率比较高,并且金的回收率随硫代硫酸盐浓度的提高而增大。硫代硫酸盐浸金过程中一般加入氨水和 Cu^{2+},氨水中加入 Cu^{2+} 能有效提高硫代硫酸盐的浸金速率。

4) 卤化法

卤化物法包括氯法、溴法和碘法。氯化法是无氰提金方法之一,也是最早的化学提金方法之一。

a.氯化法浸金。氯可通过电解 NaCl 溶液和浆液生成或者在盐酸中加入 MnO_2 生成:

$$MnO_2+4HCl \longrightarrow MnCl_2+2H_2O+Cl_2 \tag{6-14}$$

在低 pH 值的情况下金能迅速通过氯浸出来：

$$2Au+3Cl_2 \longrightarrow 2AuCl_3 \tag{6-15}$$

氯在金的浸出过程中既作为氧化剂又作为络合剂[112]，低 pH 值，高浓度氯化物和氯，升高温度和增大固液接触面积等都有利于提高氯化法浸金的速率。目前应用较广泛的是次氯酸钠等[113,114]，尽管氯化法比氰化法的浸金速率要快很多，但只要矿石中存在少量的硫化物或其他阳离子就会消耗大量的氯并阻止反应生成的 $AuCl_4^-$ 还原成金单质。

氯化法最大的优点是浸出速率快、浸金率高，但氯化法仍存在两大缺点：一是反应设备要求高，必须耐强酸和强氧化性；二是具有很强的毒性，可能对人身健康造成危害。

溴化法浸金，溴溶液中金的溶解过程是一个电化学过程，浸金反应式如式（6-16）所示：

$$Au+4Br^- \longrightarrow AuBr_4^- +3e^- \tag{6-16}$$

溴化法的优点主要是浸金速率快，有阳离子存在时其浸金速率能得到加强和较宽的 pH 值适应范围等。溴化物浓度、金浓度、溶液 pH 值，以及氧化还原电位（Eh）是影响金在溴溶液中溶解的主要因素[115]。但溴化法却存在着试剂耗量偏高，因溴的蒸汽压高而造成很强的腐蚀性、过量试剂再利用困难等缺点，故长期以来溴化法也一直未能广泛在工业上推广使用。

b. 碘化法浸金。碘化法具有提金的潜力，与金形成稳定的配合物。其反应式如式（6-17）所示：

$$2Au+I^- +I_3^- \longrightarrow 2AuI_2^- \tag{6-17}$$

用碘与碘盐反应生成碘配合物来氧化金，而碘盐由含有食盐的饱和碘溶液与贱金属硫化物反应生成，碘化法是一种环保的浸金方法[116]，比氰化法节省环保费用，浸金可以在中性条件下进行，大大减小了对浸金设备的腐蚀，金的回收率可达 93% 以上。但该方法要求药剂浓度高、需用耐受激烈反应条件的设备、试剂易挥发影响操作环境等缺点，使其工业应用受到限制。

（3）实验仪器及试剂

仪器：电热恒温鼓风干燥箱、恒温电动搅拌器、电热恒温水浴锅、电子天平、pH 计、调速多用振荡器。

试剂：电子废弃物酸浸渣、五水硫代硫酸钠、浓氨水、五水硫酸铜、纯水。

（4）实验方法及步骤

1）称取试样

分别称取贱金属浸出后的电子废弃物滤渣 10g（如量不够，可按比例缩减），加入不同硫代硫酸钠（$S_2O_3^{2-}$ 浓度为 0.1～0.5mol/L）、硫酸铜（Cu^{2+} 浓度为 0.04mol/L）和氨水（氨浓度为 0.5mol/L），按固液比 1：5 加入锥形瓶反应容器中。

2）搅拌均匀

用磁力搅拌器，恒温水浴加热至 60℃，以一定的搅拌速率进行搅拌，让反应进行 120min。

3）过滤分离

用真空抽滤机对反应后的溶液进行抽滤，滤渣收集，滤液放置于合适条件下贮存待测。

4）金浸出率计算

将滤液装入容量瓶中定容。利用原子吸收法对定容后的溶液进行金含量的测定（本实验不测，送检），并计算金浸出率[金浸出率＝（原料中的金含量－浸出后溶液中的金含量）/原料中的金含量×100％]，参考实验1.2。

（5）实验报告要求

a. 计算不同硫代硫酸钠添加量条件下金的浸出率。

b. 分析不同硫代硫酸钠添加量对金浸出率的影响。

（6）思考与讨论

a. 硫代硫酸盐浸金方法的优点和缺点是什么？

b. 还有哪些具有前景的绿色浸金方法？

c. 实验过程中应如何尽量避免误差？

6.7　贵金属提取实验

（1）实验目的

电子废弃物中的贵金属例如金浸出之后进入溶液，需要进一步提取。一般采用萃取反萃的方式。本实验的目的是学习贵金属金的不同提取方法；掌握金的萃取反萃提取方法；计算萃取率和反萃率；获得单质金。

（2）实验原理

金被浸出后，还要从含金溶液中把它提取出来，从浸出液中富集回收金，也是整个提金过程中比较关键的一步。目前，从浸出液中回收金的技术主要包括置换法、活性炭吸附法、溶剂萃取法和离子交换法。

1）置换法

置换反应是无机化学反应的基本类型之一，是指一种单质和一种化合物生成另一种单质和另一种化合物的反应。用于回收金的置换法有铁置换法、铝置换法、锌置换法和铅置换法等，其中最早在提金工业中应用的是锌置换法，它是从氰化液中回收金的主要方法。近年来，置换法从非氰化浸出液中提取金的研究取得了较大的进展，已有从碘化浸出液、硫脲浸出液和硫代硫酸盐浸出液[117] 中提取金的研究报道。

2）活性炭吸附法

活性炭吸附是利用活性炭多孔、表面积大的特性，使溶液中的一种或多种物质吸附在其表面，达到提取金属或净化溶液的目的。活性炭能从溶液中吸附金是 1848 年由M. Lazowski 提出的，1934 年 T. C. Chapman 将活性炭直接加入金的氰化浸出液中成功地吸附回收了金。近年来，已有关于活性炭吸附法从碘化法和硫脲浸出液中吸附提取金的研究报道[118]。该方法用于从浸出液中提取金属具有吸附速度快、成本低、操作简单等优点，活性炭吸附法提取金的过程中还存在许多问题，活性炭吸附金的同时也容易吸附其他金属杂质，不利于金的回收，也会增加活性炭的使用量。

3）溶剂萃取法

萃取是利用化合物在两种互不相溶（或微溶）的溶剂中根据溶解度或分配系数的不同，使化合物从一种溶剂内转移到另外一种溶剂中，经过反复多次萃取，将绝大部分的化合物提取出来。溶剂萃取法具有厂房占地小、周期短、速度快、分离效果好、回收率高等优点，在贵贱金属再生工艺中均得到广泛应用。溶剂萃取体系一般分为螯合物萃取体系、缔合物萃取体系、无机共价化合物萃取体系等，金的萃取剂很多，包括醇类、硫醚类、醚类、酯类、石油亚砜和酮类等。其中酮类萃取剂主要有磷酸三丁酯（TBP）、甲基异丁酮（MIBK）和二异丁酮（DIBK），它们不但萃取率高、分配比大、载荷量大，而且选择性好，特别是对铂、钯等贵金属元素几乎没有萃取，因此被广泛应用于金的萃取[119,120]。

4）离子交换法

离子交换法是液相中的离子和固相中离子间所进行的一种可逆性化学反应，当液相中的某些离子与离子交换固体亲合性较大时，便会被离子交换剂吸附。离子交换法是一种发展较快且很有前途的方法，所使用的树脂一般包括阴离子交换树脂和阳离子交换树脂，提金过程中使用的是阳离子交换树脂。在贵金属分离时，离子交换法工艺简单、高效、快速，环境污染小。但由于缺乏选择性好、性能优良的离子树脂，目前很少直接应用于工业生产。近年来，离子交换法从硫代硫酸盐浸出液中提取金的研究取得了较大的进展[121]。虽然离子交换法是一种很有吸引力的回收金的方法，但是在开发选择性好、吸附容量高的优良树脂和寻求无毒、解吸效果好的解吸剂方面还需要开展大量的工作。

（3）实验仪器及试剂

仪器：分液漏斗、电子天平、pH 计、调速多用振荡器。

试剂：磷酸三丁酯（TBP）、磺化煤油、金标准溶液（$1000\mu g/mL$）、硫代硫酸钠浸金液。

（4）实验方法及步骤

1）配制萃取体系

磷酸三丁酯（TBP）是性能优良的中性磷类萃取剂，能从碱性硫代硫酸盐液里萃取金。称取 TBP 放入磺化煤油中，质量分数控制为 30%，获得 30%TBP＋70%磺化煤油萃取有机相备用。

2）萃取

用 NaOH 分别调整硫代硫酸钠浸金溶液 pH 值为 8、9、10、11、12，移取不同 pH 值溶液 50mL 放入分液漏斗，再放入 30%TBP＋70%磺化煤油的萃取有机相，相比为 1∶1，进行震荡萃取，萃取时间为 10min，温度为 25℃。萃取结束后分液，采用原子吸收分光光度法测定萃余液中金的浓度（本实验测，送检），并计算金萃取率[金萃取率

=（硫代硫酸钠浸金液中金含量－萃余液中的金含量）/硫代硫酸钠浸金液中金含量×100％]，参考实验 1.4。

3）反萃

取 80mL 载金有机相，加 30mL 5％的草酸溶液，恒温水浴加热至 70℃进行反萃取。有机相中的 [$AuCl_4^-$] 被草酸还原成粉末状的金粉，过滤、洗涤、收集、烘干、收集。计算金反萃率 [金反萃率＝（萃余液中的金含量－反萃液中的金含量）/萃余液中的金含量×100％]。

（5）实验报告要求

a. 计算不同 pH 值条件下金的萃取率。

b. 计算金的反萃率，称量产物金的质量并拍照。

（6）思考与讨论

a. 金的萃取剂有哪些？各适用于什么条件？

b. 萃取过程中的影响因素有哪些？会有哪些影响？

c. 萃取反萃过程金的回收率如何计算？如何提升？

第 **7** 章

金属氧化物粉末的性能及光催化实验

7.1　回收金属氧化物粉末性能测定实验

（1）实验目的

金属二次资源回收获得的金属或者金属氧化物颗粒具有不同的粒度，往往具有其他高附加值性能。本实验的目的是掌握粉体粒度测试的原理和方法；了解影响粉体粒度测试结果的主要因素，掌握测试样品制备的步骤和注意事项；学会对粉体粒度测试结果数据进行分析及处理。

（2）实验原理

粉体是由许多粒度分散、大小不连续的颗粒所组成的集合体。颗粒的直径称为粒径，粒度是指粒径的大小。组成粉体的颗粒绝大多数不是圆球形的，形状不规则，有片状、针状、菱形、不规则形等等，不能直接用直径这个概念来表示其大小，如图 7-1 所示。而在实际工作中直径是描述颗粒大小的最直观、最简单的一个量，所以在粒度测量的实践中我们引入等效粒径这个概念。

图 7-1　一个粉体颗粒的三维示意

等效粒径是指当一个颗粒的某一个物理特性与同质的球形颗粒相同或相近时该球形颗粒的直径。一般认为激光法所测的直径为等效体积径，即与实际颗粒的体积相同的球的直径。

粒度分布通常是指某一粒径范围的颗粒在整个粉体中占多大的比例。颗粒的粒度、粒度分布及形状能显著影响粉末及其产品的性质和用途。例如，混凝土的凝结时间、强度与其细度有关；磨料的粒度及粒度分布决定其质量等级等。在实际生产过程中，通常要在生产线按时取样并对产品进行粒度分布的检验，以保证粉末产品的质量与产率。

动态光散射技术（dynamic light scattering，DLS），是指通过测量样品散射光强度起伏的变化来得出样品颗粒大小信息的一种技术。激光粒度分析仪是根据光的散射原理测量颗粒粒度分布的，是一种比较通用的粒度仪。激光粒度仪一般是由激光器、富氏透镜、光电接收器阵列、信号转换与传输系统、样品分散系统、数据处理系统等组成。激光器发出的激光束，经滤波、扩束、准值后变成一束平行光，在该平行光束没有照射到颗粒的情况下，光束经过富氏透镜后汇聚到焦点上，如图7-2所示。

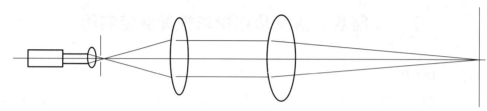

图 7-2　激光束在无阻碍状态下的传播

当通过某种特定的方式把颗粒均匀地放置到平行光束中时，激光将发生衍射和散射现象，一部分光将与光轴成一定的角度向外扩散，如图7-3所示。

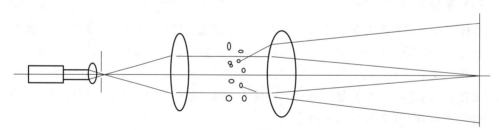

图 7-3　激光束在有颗粒阻碍状态下的传播

粒度分布的测量在实际应用中非常重要，在工农业生产和科学研究中的固体原料和制品，很多都是以粉体的形态存在的，粒度分布对这些产品的质量和性能起着重要的作用。例如催化剂的粒度对催化效果有着重要影响；混凝土的粒度影响凝结时间及最终的强度；各种矿物填料的粒度影响制品的质量与性能；涂料的粒度影响涂饰效果和表面光泽；药物的粒度影响口感、吸收率和疗效等等。因此在粉体加工与应用的领域中，有效控制与测量粉体的粒度分布，对提高产品质量、降低能源消耗、控制环境污染、保护人类的健康具有重要意义。粒度测试的仪器和方法很多，激光法是用途最广泛的一种方法，它具有测试速度快、操作方便、重复性好、测试范围宽等优点，是现代粒度测量的主要方法之一[122]。

激光粒度仪是基于光衍射现象而设计的，当颗粒遇到激光光束时，颗粒表面会衍射光，而衍射光的角度与颗粒的粒径成反向的变化关系，即大颗粒衍射光的角度小，小颗粒衍射光的角度大，如图7-4所示。

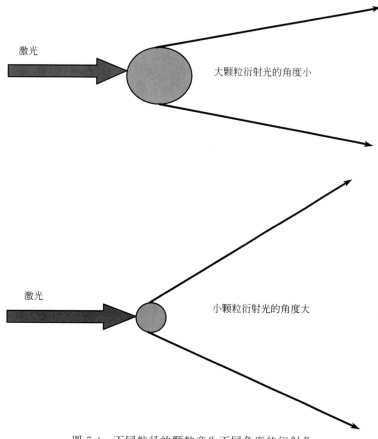

图 7-4　不同粒径的颗粒产生不同角度的衍射角

换句话说，不同大小的颗粒在遇到激光光束时其衍射光会落在不同的位置，位置信息反映颗粒大小；如果同样大的颗粒通过激光光束时其衍射光会落在相同的位置，即在该位置上的衍射光的强度叠加后就比较高，所以衍射光强度的信息反映出样品中相同大小的颗粒所占百分比的多少。这样，如果能够同时测量或获得衍射光的位置和强度的信息，就可得到粒度分布的结果。实际上激光衍射法就是采用一系列的光敏检测器来测量未知粒径的颗粒在不同角度（或者说位置）上的衍射光的强度，使用衍射模型，再通过数学反演，然后得到样品颗粒的粒度分布。检测器的排列在仪器出厂时就已根据衍射理论确定，在实际测量时，分布在某个角度（或位置）上的检测器接收到衍射光，说明样品中存在对应粒径的颗粒[123]。

（3）实验仪器及试剂

仪器：Zetasizer Nano ZS 激光粒度分析仪、超声清洗器、天平、烧杯、量筒、玻璃棒、比色皿。

试剂：ZnO、TiO_2 和 WO_3 纳米粉体、无水乙醇、蒸馏水。

（4）实验方法及步骤

① Zetasizer Nano ZS 激光粒度分析仪实验步骤

a. 掌握 Zetasizer Nano ZS 激光粒度分析仪的原理与使用方法，参阅使用说明书，见②部分。

b. 待测样品的配置。

a）选用蒸馏水或者无水乙醇为溶剂（5mL），加入少量纳米粉体观察是否有溶解、结块或漂浮现象。

b）将配置的样品超声分散 10min；记录分散完成后的时间。

c）取 1.5mL 超声分散后的混合液，加入比色皿中。

c. 粒度分布测试实验，并记录测试时的时间。

按照 Zetasizer Nano ZS 激光粒度分析仪的操作说明，分别得出 ZnO、TiO_2 和 WO_3 纳米粉体在蒸馏水或者无水乙醇中的粒度分布。

d. 保存仪器软件自动给出粒度分布结果。

② 激光粒度分析仪操作规程

a. 打开仪器背面的电源，预热 0.5h 左右。

b. 将样品注入粒径样品池，高度为 1～1.5cm，避免气泡。注意不要用手触摸样品池最下方 1cm 部分，以免污染光路。样品浓度不宜过高，最好接近透明。

c. 按下仪器上的大圆按钮打开仪器样品槽，将样品池后插到底，合上样品槽盖。

d. 打开 Zetasizer Software 软件，仪器上大圆按钮由红色变为稳定的绿色，说明仪器正常待机中。测试过程中，不要打开样品槽盖。

e. 新建工作文件。File-New-Measurement File，选择保存路径、键入文件名，保存类型默认（.dts）。单击保存。

f. 选择 Measure-Manual，打开手动测量设置窗口。

g. 测量类型 Measurement type 上左键单击选择 Size。

h. Sample——输入样品名称以及注解。

i. Material——保持默认设置，折射率 RI 为 1.590、吸收率为 0.01。

j. Dispersant——选择分散剂类型，其他选项保持默认。

k. General option——保持默认设置。

l. Temperature——设定温度以及平衡时间，建议 25℃（室温）平衡 120s。

m. Cell——选择合适的样品池类型，仪器会根据选择的样品池确定光路。

n. Measurment—Angle of detection——NanoZS 选择 173℃。

o. Measurment—Measurement duration——选择 Automatic。

p. Measurment—Measurements——Number of measurements，测量次数选 1。

q. 其余设置保持默认值，仪器会自动根据样品信号优化测试条件。设置完成后，单击 OK，关闭设置对话框。测量窗口自动开启，单击 Star，开始测量。

r. 结果自动保存，可以用截图或 export 的方式保存为 Word 格式。选择 peak1 的数值为最后结果。

（5）注意事项

a. 实验前必须仔细阅读本指导书，预习有关实验步骤，并建议阅读粉体工程书籍的相关内容。

b. 实验前应检查取样勺、烧杯、玻璃棒进入溶液的部位和样品池等凡与样品接触的物件，全都不得残留任何其他粉体或污染物，以上物件每次用后均要清洗、擦拭干净以备下一次使用。

c. 采用超声波分散器对中样品进行分散处理时，控制分散时间，尽量分散彻底。

d. 粉末用量不宜过多，以免影响试验结果。

（6）实验报告要求

a. 填写颗粒粒度测试报告；

b. 根据所得的粒度分布数据得到不同粒度的频度分布图；

c. 根据测试原始数据进行粒度分析。

（7）思考与讨论

a. 所测粉体是属于微米级还是亚微米级？粒度分布是宽还是窄？

b. 列举 2～3 个影响测试结果可靠性的因素？

7.2　粉末颗粒光催化降解有机染料实验

（1）实验目的

针对具有光催化性能的粉末颗粒材料，在研究其粒度的基础之上，进一步研究其光催化降解有机染料性能。本实验的目的是掌握半导体材料的光催化原理，掌握光催化降解的仪器操作与过程，学会利用分光光度计测定染料的浓度。

（2）实验原理

在众多半导体材料中，具有光催化性能的材料，如 ZnO、TiO_2 和 WO_3 等，引起人们的广泛关注。这些光催化材料多为金属氧化物（MO_x），在可见光或者紫外光作用下产生电子—空穴对，吸附在半导体表面的污染物分子接受光生电子或空穴，从而发生一系列氧化还原反应，使有害污染物得以降解为无毒或毒性较小的物质，这个过程也被称为光催化降解。

光催化始于 1972 年，Fujishima 和 Honda 发现光照的 TiO_2 单晶电极能分解水，引起人们对光诱导氧化还原反应的兴趣，推动了有机物和无机物光氧化还原反应的研究。1976 年，Cary 在近紫外光的照射下用二氧化钛的悬浊液可使多氯联苯脱氯，光催化反应逐渐成为人们关注的热点之一。

在水的各类污染物中，有机物是最主要的一类。美国环保局公布的 129 种基本污染物中，有 9 大类共 114 种有机物。国内外大量研究表明，光催化法能有效地将烃类、卤代有机物、表面活性剂、染料、农药、酚类、芳烃类等有机污染物降解，最终无机化为 CO_2、H_2O。因此，光催化技术具有在常温常压下进行，彻底消除有机污染物、无二次污染等优点。

半导体之所以能作为催化剂，是由其自身的光电特性所决定的。半导体粒子含有能带结构，一般是由填满电子的低能价带和空的高能导带构成，价带中最高能级与导带中最低能级之间的能量差叫做禁带宽度 E_g。半导体的光吸收阈值 λ_g 与禁带宽度 E_g 的关系如式(7-1) 所示。

$$\lambda_g(nm) = 1240/E_g(eV) \tag{7-1}$$

当用能量等于或大于 E_g 的光（如锐钛矿型 TiO_2 的禁带宽度为 3.2eV，则其需要 $\lambda \leqslant 388nm$ 的紫外光）照射半导体光催化剂时，半导体价带上的电子吸收光能被激发到导带上，因而在导带上产生带负电的高活性光生电子（e^-），在价带上产生带正电的光生空穴（h^+），形成光生电子—空穴对。

$$MO_x + h\upsilon \longrightarrow MO_x(e^- + h^+) \tag{7-2}$$

当光生电子和空穴到达表面时，可发生两类反应。第一类是简单的复合，如果光生电子与空穴没有被利用，则会重新复合，使光能以热能的形式散发掉。

$$e^- + h^+ \longrightarrow h\upsilon(热能) \tag{7-3}$$

第二类是发生一系列光催化氧化还原反应，还原和氧化吸附在光催化剂表面上的物质。空穴具有强氧化性，电子则具有强还原性。大多数的光催化剂是直接利用空穴的氧化性，在光催化半导体中，空穴具有很大的反应活性，可与表面吸附的 OH^- 和 H_2O 分子氧化成具有强氧化性的羟基自由基（·OH），·OH 能够氧化相邻的有机物，亦可扩散到液相中氧化有机物：

$$H_2O + h^+ \longrightarrow \cdot OH + H^+$$

$$OH^- + h^+ \longrightarrow \cdot OH$$

电子（e^-）是一种强还原剂，它能与表面吸附的氧分子发生反应，分子氧不仅参与还原反应，还是 ·OH 的另外来源：

$$O_2 + e^- \longrightarrow \cdot O_2^-$$

$$\cdot O_2^- + H^+ \longrightarrow \cdot OOH$$

$$2 \cdot OOH \longrightarrow H_2O_2 + O_2$$

$$\cdot O_2^- + \cdot OOH \longrightarrow HO_2^- + O_2$$

$$\cdot OOH + e^- \longrightarrow HO_2^-$$

$$HO_2^- + H^+ \longrightarrow H_2O_2$$

$$H_2O_2 + \cdot O_2^- \longrightarrow \cdot OH + O_2 + OH^-$$

$$H_2O_2 + e^- \longrightarrow \cdot OH + OH^-$$

$$H_2O_2 + h\upsilon \longrightarrow 2 \cdot OH$$

上述反应过程中产生的活性氧化物种，如羟基自由基（·OH）、超氧离子自由基（·O_2^-）、过氧化氢 H_2O_2 等，都是氧化性很强的活泼自由基，能够将各种有机物氧化成 H_2O、CO_2 等无机小分子。半导体材料光催化降解亚甲基蓝的机理示意图如图 7-5 所示。

亚甲基蓝（methylene blue，MB），化学式为 $C_{16}H_{18}N_3ClS$，芳香杂环化合物，是一种工业上常用的染料。亚甲基蓝溶于水呈蓝色，且其浓度可采用分光光度法测定，方法简便。测定降解效率的原理基于溶液中亚甲基蓝的含量，与溶液的吸光度存在一定的关联，通过测定吸光度可以判断出亚甲基蓝的降解趋势，因而常被用作光催化反应的模

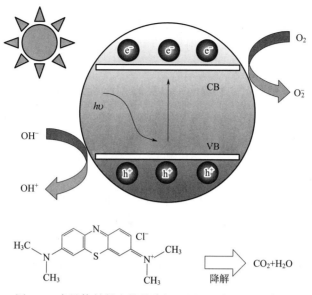

图 7-5　半导体材料光催化降解亚甲基蓝的机理示意图

型反应物。

（3）实验设备

a. 分光光度计及比色皿；

b. 氙灯；

c. 磁力搅拌器；

d. 天平；

e. 离心机；

f. 容量瓶、移液管；

g. 烧杯、量筒、玻璃棒。

（4）实验药品

a. ZnO、TiO_2 和 WO_3 粉体；

b. 蒸馏水；

c. 亚甲基蓝。

（5）实验要求

a. 实验前按照指导书预习，根据实验任务书要求起草实验方案。

b. 根据实验安排的时间按时进入实验室进行粉末颗粒光催化降解有机染料的实验。

c. 实验前认真检查实验仪器和设备是否完好，发现问题及时报告指导教师解决或补充。实验严格按照规程操作，观察实验现象、做好实验记录。实验完后清理实验台面，经指导教师许可后方可离开实验室。

d. 遵守实验室制度，注意安全，爱护仪器设备，节约水电原材料，保持环境清洁。

（6）实验步骤

1）掌握 721 型紫外—可见分光光度计的使用方法

参阅使用说明书，见第（10）部分。

2）亚甲基蓝 MB 溶液的配置

a. 1g/L MB 储备液的配制：称取一定质量的 MB 溶于蒸馏中，得到一定体积的 1g/L 的 MB 溶液。

b. 10mg/L MB 反应液的配制：将一定体积的 1g/L MB 储备液稀释，得到实验需要的 10mg/L 的 MB 溶液。

3）光催化降解实验

a. 直接光解和 TiO_2 光催化降解 MB 的对比：取两个烧杯，编号为 A、B。

a）用量筒量取 100mL、10mg/L 的 MB，倒入烧杯 A 中，不加催化剂，放入一颗搅拌子；

b）用量筒量取 100mL、10mg/L 的 MB，倒入烧杯 B 中，加入 0.1g TiO_2 粉末和搅拌子。

b. 将 B 烧杯放上磁力搅拌器，选用适当转速，使催化剂在溶液中悬浮。在暗处避光搅拌 30min，使 MB 在催化剂的表面达到吸附/脱附平衡。

c. 打开氙灯，控制电流值在 20A，磁力搅拌。实验装置如图 7-6 所示。分别于 0min、10min、20min、30min、45min、60min、75min 和 90min 取样，移取 5mL 溶液于 10mL 量程的离心管内。

d. 将所得样品在 2000r/min 转速下离心分离 3min 去除催化剂，取约 3mL 上层清液，作为 MB 吸光度待测样品。

e. 对于 A 烧杯样品重复上述过程，但因其不含催化剂，因此无需在暗处避光搅拌 30min，亦无需离心处理。

f. 将 TiO_2 换成 ZnO 或者 WO_3，编号为 C，重复上述过程。

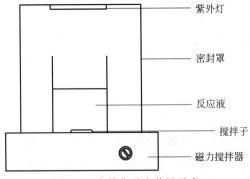

图 7-6　光催化反应装置示意

4）亚甲基蓝的浓度与紫外吸收强度关系曲线的测定

a. 分别配置浓度为 0mg/L、3mg/L、5mg/L、8mg/L、10mg/L 的 MB 溶液，由于 MB 的吸收曲线的峰值在 664nm 处，如图 7-7 所示，因此用分光光度计在 664nm 波长处测定样品的吸光度，绘制吸光度对浓度的标准曲线，得到两者的关系式。

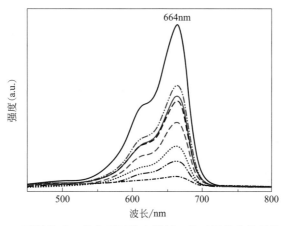

图 7-7　不同浓度（从上到下依次降低）的亚甲基蓝的吸收光谱

b. 测量光催化降解过程中待测样品的吸光度，根据标准曲线计算 MB 的浓度值，按式(7-4)计算甲基橙的去除率。

$$\eta = (c_0 - c)/c_0 \tag{7-4}$$

式中，c_0 为光照前降解液浓度；c 为降解后的浓度。

由于 MB 溶液浓度和它的吸光度呈线性关系，所以降解脱色率又可以由吸光度计算，即式(7-5)。

$$\eta = (A_0 - A)/A_0 \tag{7-5}$$

式中，A_0 为光照前降解液吸光度；A 为降解后吸光度。

(7) 数据记录及分析

a. MB 溶液标准曲线数据填入表 7-1，样品吸光度值数据填入表 7-2。做出标准曲线，其形式应类似于图 7-8 中的线性关系。

表 7-1　MB 标准曲线数据记录表

浓度/(mg/L)					
吸光度					

表 7-2　MB 光催化样品吸光度测定记录表

编号	时间/min							
	0	10	20	30	45	60	75	90
A								
B								
C								

b. 计算 MB 光催化样品的浓度，填入表 7-3，并绘制不同光催化剂下 MB 浓度随时间的变化关系图，并加以分析。

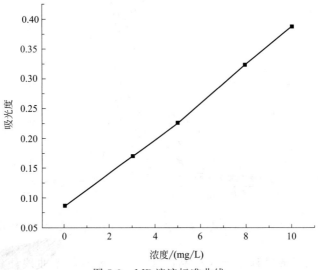

图 7-8　MB 溶液标准曲线

表 7-3　MB 光催化样品浓度记录表

编号	时间/min							
	0	10	20	30	45	60	75	90
A								
B								
C								

(8) 注意事项

a. 实验过程中注意必要的防护措施，佩戴口罩、手套，穿着实验服。

b. 在光源开启全程，特别是在光催化降解过程取样时，注意眼睛不要直视氙灯，以免强光刺眼。

c. 认真贴标签、做实验记录。

(9) 思考与讨论

a. 实验中，为什么用蒸馏水作参比溶液来调节分光光度计的吸光度值？

b. 需要准确配制 MB 的标准溶液吗？

c. MB 光催化降解速率与哪些因素有关？

d. 哪一种半导体粉体的光催化性能更好？为什么？

(10) 721 型紫外-可见分光光度计使用说明

1) 设备原理

物质对光的吸收具有选择性，在光的照射下，产生吸收效应。不同的物质具有不同的吸收光谱，当某单色光通过溶液时，其能量就会因被吸收而减弱，光能量减弱的程度和物质的浓度呈一定的比例关系。

本系列仪器是基于比色原理对样品进行定性和定量分析，在一定的浓度范围内符合

朗伯-比尔定律，即

$$A = \lg(1/T) = Kcl \tag{7-6}$$

$$T = I/I_0 \tag{7-7}$$

式中，A 为吸光度；T 为透过率；I 为透过光强度。I_0 为入射光强度；K 为样品的吸光系数；c 为样品的浓度；l 为光透过样品的长度。

2）仪器面贴（见图 7-9）

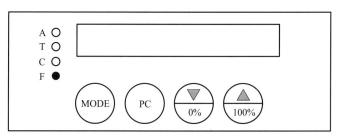

图 7-9　721 型紫外-可见分光光度计仪器面贴

3）按键功能描述（见表 7-4）

表 7-4　不同按键功能

按键名称	按键功能描述
【MODE】	A/T/C/F 模式切换键
【PC】	打印/联机发送数据键
【↑/0%】	C/F 模式输入数据变大/调 0%T 键
【↑/100%】	C/F 模式输入数据变小/调透过率 100%T 或吸光度 0.000ABS 键

4）基本操作

a. 设置波长　正视刻度盘的显示窗，旋转波长旋钮到自己需要的波长。

b. 调空白　在 A 模式下，把黑体拉入光路，等待显示字符出现，然后取出黑体，在 T/A 模式下，把装有参比液的比色皿放入比色皿槽，并把其拉到光路中，按【↑/100%】键调空白，等待显示 0.000 后即可开始测样。

注：紫外区（200～340nm）必须使用石英比色皿！

7.3　粉末颗粒光催化还原重金属离子实验

（1）实验目的

掌握半导体材料的光催化还原金属离子原理；掌握光催化降解的仪器操作与过程；学会分析 Cu(Ⅱ) 在降解过程中的浓度变化。

（2）实验原理

环境中排放的重金属离子 Cu(Ⅱ) 对水生和陆生生物有强的毒害性。饮用水中 Cu(Ⅱ) 的浓度高于 1.0mg/L 时，Cu(Ⅱ) 会导致人畜得血色沉着病和胃肠黏膜病。

Cu(Ⅱ) 无法进行生物降解，除去废水中 Cu(Ⅱ) 的常见方法包括离子交换、置换、化学沉淀等。然而这些方法需要消耗大量的化学试剂。近来，研究表明半导体光催化剂对环境中重金属离子的去除有广阔的前景。半导体在光照下，分别在导带和价带产生激发态电子和空穴，这使它能够在半导体表面上引发各种氧化还原反应。

半导体光催化剂在能量等于或大于其禁带宽度 E_g 的光的照射下，价带上的电子吸收光能被激发到导带上，因而在导带上产生带负电的高活性光生电子（e^-），在价带上产生带正电的光生空穴（h^+），形成光生电子—空穴对。光生电子（e^-）具有很强的还原性，能够把周围环境中的高价态金属离子还原为低价态，从而实现对 Cu(Ⅱ) 去除。光催化原理详情请见本书第 7.2 节内容。

（3）实验设备

a. A3 型原子吸收分光光度计；

b. 氙灯；

c. 磁力搅拌器；

d. 天平；

e. 离心机；

f. 容量瓶、移液管；

g. 烧杯、量筒、玻璃棒；

h. 过滤膜、注射器。

（4）实验药品

a. ZnO、TiO_2 和 WO_3 粉体；

b. 蒸馏水；

c. 硫酸铜。

（5）实验要求

a. 实验前按照指导书预习，根据实验任务书要求起草实验方案。

b. 根据实验安排的时间按时进入实验室进行粉体颗粒光催化还原重金属离子的实验。

c. 实验前认真检查实验仪器和设备是否完好，发现问题及时报告指导教师解决或补充。实验严格按照规程操作，观察实验现象、做好实验记录。实验完后清理实验台面，经指导教师许可后方可离开实验室。

d. 遵守实验室制度，注意安全，爱护仪器设备，节约水电原材料，保持环境清洁。

（6）实验步骤

1）硫酸铜溶液的配置

① 1g/L 硫酸铜储备液的配制

称取一定质量的硫酸铜溶于蒸馏水中，得到一定体积的 1g/L 硫酸铜溶液。

② 10mg/L 硫酸铜反应液的配制

将一定体积的 1g/L 硫酸铜储备液稀释，得到实验需要的 10mg/L 的硫酸铜溶液。

2）光催化还原 Cu（Ⅱ）离子实验

a. 直接光解和光催化还原 Cu(Ⅱ) 离子的对比：取两个烧杯，编号为 A、B。

a）用量筒量取 100mL、10mg/L 的硫酸铜溶液，倒入烧杯 A 中，不加半导体粉末，放入一颗搅拌子；

b）用量筒量取 100mL、10mg/L 的硫酸铜溶液，倒入烧杯 B 中，加入 0.1g 光催化剂粉体和搅拌子。

注：加入 ZnO、TiO_2 还是 WO_3 粉体，可由小组成员自行选择决定。

b. 将 B 烧杯放上磁力搅拌器，选择适当转速，使催化剂在溶液中悬浮。在暗处避光搅拌 30min，使 Cu(Ⅱ) 离子在催化剂的表面达到吸附/脱附平衡。

c. 打开氙灯，在磁力搅拌下，分别于 0min、10min、20min、30min、45min、60min 取样，移取 5mL 最上层溶液于离心管内。

d. 将所得样品在 2000r/min 转速下离心分离 3min 去除催化剂，分别取上层清液 3mL。

注：取上层清液时应缓慢、谨慎，不要将沉淀的颗粒物吸入。

e. 将取出的 3mL 清液分别移至注射器中，并通过微孔滤膜过滤后收集 2mL。

注：取上层清液时应缓慢、谨慎，不要将沉淀的颗粒物吸入。使用微孔滤膜过滤时，应按照从后往前的样品顺序，即从 60min 的样品开始，依次过滤 45min、30min、20min、10min 的样品。

f. 将过滤后所收集的 2mL 液体，分别加入 2mL 蒸馏水中，即稀释 1 倍后待测。

g. 对于 A 烧杯样品重复上述过程，但因不含催化剂，待测样品无需避光搅拌及离心过滤。

3）Cu（Ⅱ）离子浓度的测定

使用 A3 型原子吸收分光光度计测量光催化降解过程中待测样品的浓度和硫酸铜标准溶液的浓度，根据式(7-8)得出 Cu(Ⅱ) 离子的脱除率 η。

$$\eta = (c_0 - c)/c_0 \times 100\% \tag{7-8}$$

式中，c_0 为光照前降解液浓度；c 为降解后的浓度。

（7）数据记录及分析

a. 测得 Cu(Ⅱ) 离子光催化样品的浓度，填入表 7-5，并绘制不同光催化剂下 Cu(Ⅱ) 离子浓度随时间的变化关系图，并加以分析。

表 7-5　Cu(Ⅱ) 离子光催化样品浓度记录表

编号	时间/min						
	0	10	20	30	45	60	90
A							
B							

b. 说明加入了哪一种粉体及选择的理由。

（8）注意事项

a. 实验过程中注意必要的防护措施，佩戴口罩、手套，穿着实验服。

b. 在光源开启全程，特别是在光催化降解过程取样时，注意眼睛不要直视氙灯，以免强光刺眼。

c. 认真贴标签、做实验记录。

(9) 思考与讨论

a. 硫酸铜溶液与亚甲基蓝同为蓝色液体，能否采用 UV-vis 来测试浓度变化？可使用 7.2 节的方法简单尝试后作答。

b. 根据实验结果和光催化还原金属离子的原理，简要阐述 $Cu(Ⅱ)$ 离子还原效率如何？与哪些因素有关？

c. 还有哪些金属离子可以运用本次实验中的方法还原？能否预想效率如何？

附　录

附录1　误差分析

1. 真值与平均值

真值是指某物理量客观存在的确定值。通常一个物理量的真值是不知道的。是我们努力要测得的。严格来讲，由于测量仪器、测定方法、环境、人的观察力、测量的程序等都不可能是完美无缺的，因此真值是无法测得的，它只是一个理想值。

科学实验中真值的定义：设在测量中观察的次数为无限多，则根据误差分布定律正负误差出现的概率相等，故将所有观察值加以平均，在无系统误差的情况下，可能获得近似于真值的数值。故"真值"在现实中是指观察次数无限多时，所求得的平均值（或是写入文献手册中所谓的"公认值"）。然而对工程实验而言，观察的次数都是有限的，故用有限观察次数求出的平均值，只能是近似真值，或称为最佳值。一般我们称这一最佳值为平均值。常用的平均值有下列几种。

（1）算术平均值

这种平均值最常用。凡测量值的分布服从正态分布时，用最小二乘法原理可以证明：在一组等精度的测量中，算术平均值为最佳值或最可信赖值。设 x_1，x_2，$\cdots$，x_n 为各次观测值，n 表示观测次数，则算术平均值的计算如下：

$$\overline{x} = \frac{x_1 + x_2 + \cdots + x_n}{n} = \frac{\sum_{i=1}^{n} x_i}{n} \tag{1}$$

（2）均方根平均值

均方根平均值的计算如下：

$$\overline{x}_{均} = \sqrt{\frac{x_1^2 + x_2^2 + \cdots + x_n^2}{n}} = \sqrt{\frac{\sum_{i=1}^{n} x_i^2}{n}} \tag{2}$$

（3）加权平均值

对同一物理量用不同方法去测定，或对同一物理量由不同人去测定，计算平均值时，常对比较可靠的数值予以加权重平均，称为加权平均。加权平均值的计算如下：

$$\overline{\omega} = \frac{\omega_1 x_1 + \omega_2 x_2 + \cdots + \omega_n x_n}{\omega_1 + \omega_2 + \cdots + \omega_n} = \frac{\sum\limits_{i=1}^{n} \omega_i x_i}{\sum\limits_{i=1}^{n} \omega_i} \tag{3}$$

式中，ω_1，ω_2，$\cdots$，ω_n 为各测量值的对应权重，各观测值的权数一般凭经验确定；x_1，x_2，$\cdots$，x_n 为各次观测值。

（4）几何平均值

几何平均值的计算如下：

$$\overline{x} = \sqrt[n]{x_1 x_2 x_3 \cdots x_n} \tag{4}$$

（5）对数平均值

对数平均值的计算如下：

$$\overline{x}_n = \frac{x_1 - x_2}{\ln x_1 - \ln x_2} = \frac{x_1 - x_2}{\ln \dfrac{x_1}{x_2}} \tag{5}$$

2. 误差及其分类

在任何一种测量中，无论所用仪器多么精密、方法多么完善、实验者多么细心，不同时间所测得的结果都不一定完全相同，而是有一定的误差和偏差。严格来讲，误差是指实验测量值（包括直接和间接测量值）与真值（客观存在的准确值）之差，偏差是指实验测量值与平均值之差，但习惯上不将两者加以区别。

根据误差的性质及其产生的原因，可将误差分为系统误差、偶然误差、过失误差三种。

（1）系统误差

系统误差又称恒定误差，由某些固定不变的因素引起。在相同条件下进行多次测量，其误差数值的大小和正负保持恒定，或随条件改变按一定的规律变化。产生系统误差的原因包括：仪器刻度不准，砝码未经校正；试剂不纯，质量不符合要求；周围环境的改变，如外界温度、压力、湿度的变化；个人的习惯与偏向，如读取数据常偏高或偏低，记录某一信号的时间总是滞后，判定滴定终点的颜色程度各人不同等因素所引起的误差等。可以用准确度一词来表征系统误差的大小，系统误差越小，准确度越高，反之亦然。

由于系统误差是测量误差的重要组成部分，所以消除和估计系统误差对于提高测量准确度十分重要。一般系统误差是有规律的，其产生的原因也往往是可知或找出原因后可以清除掉的。对于不能消除的系统误差，应设法确定或估计出来。

（2）偶然误差

偶然误差又称随机误差，是由某些不易控制的因素造成的。在相同条件下进行多次测量，其误差的大小、正负方向不一定，产生原因一般不详，因而也就无法控制，主要表现在测量结果的分散性上，但完全服从统计规律，研究随机误差可以采用概率统计的方法。在误差理论中，常用精密度一词来表征偶然误差的大小。偶然误差越大，精密度越低，反之亦然。

在测量中，如果已经消除引起系统误差的一切因素，而所测数据仍在末一位或末二位数字上有差别，则为偶然误差。偶然误差的存在，主要是只注意认识影响较大的一些因素，而忽略其他一些小的影响因素，不是尚未发现，就是我们无法控制，而这些影响，正是造成偶然误差的原因。

（3）过失误差

过失误差又称粗大误差，即为与实际明显不符的误差，主要是实验人员粗心大意所致，如读错、测错、记错等都会带来过失误差。含有粗大误差的测量值称为坏值，应在整理数据时依据常用的准则加以剔除。

综上所述，可以认为系统误差和过失误差总是可以设法避免的，而偶然误差是不可避免的，因此最好的实验结果应该只含有偶然误差。

测量的质量和水平，可用误差的概念来描述，也可用准确度等概念来描述。国内外文献所用的名词术语颇不统一，精密度、正确度、精确度这几个术语的使用比较混乱。近年来趋于一致的多数意见如下。

精密度：指衡量某些物理量几次测量之间的一致性，即重复性。它可以反映偶然误差大小的影响程度。

正确度：指在规定条件下，测量中所有系统误差的综合。它可以反映系统误差大小的影响程度。

精确度（准确度）：指测量结果与真值偏离的程度。它可以反映系统误差和随机误差综合大小的影响程度。

为说明它们之间的区别，往往用打靶来作比喻。如附图 1 所示，附图 1(a) 的系统误差小而偶然误差大，即正确度高而精密度低；附图 1(b) 的系统误差大而偶然误差小，即正确度低而精密度高；附图 1(c) 的系统误差和偶然误差都小，表示精确度（准确度）高。当然实验测量中没有像靶心这样明确的真值，而是设法去测定这个未知的真值。

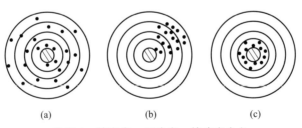

(a)　　　　　(b)　　　　　(c)

附图 1　精密度、正确度、精确度含义

对于实验测量来说，精密度高，正确度不一定高；正确度高，精密度也不一定高；但精确度（准确度）高，必然是精密度与正确度都高。

3. 误差的表示方法

测量误差分为测量点和测量列（集合）的误差。它们有不同的表示方法。

（1）测量点的误差表示

1）绝对误差 D

测量集合中某次测量值与其真值之差的绝对值称为绝对误差，即

$$D = |X - x| \tag{6}$$

$$X - x = \pm D, x - D \leqslant X \leqslant x + D$$

式中，X 为真值，常用多次测量的平均值代替；x 为测量集合中某测量值。

2）相对误差 E_r

绝对误差与真值之比称为相对误差，即

$$E_r = \frac{D}{|X|} \tag{7}$$

相对误差常用百分数或千分数表示。因此不同物理量的相对误差可以互相比较。相对误差与被测的量值的大小及绝对误差的数值都有关系。

3）引用误差

仪表量程内最大示值误差与满量程示值之比的百分值。引用误差常用来表示仪表的精度。

（2）测量列（集合）的误差表示

1）范围误差

范围误差是指一组测量中的最高值与最低值之差，以此作为误差变化的范围。使用中常应用误差系数的概念。范围误差的计算式为

$$K = \frac{L}{\alpha} \tag{8}$$

式中，K 为最大误差系数；L 为范围误差；α 为算术平均值。

范围误差最大缺点是 K 只取决于两极端值，而与测量次数无关。

2）算术平均误差

算术平均误差是表示误差的较好方法，其定义为

$$\delta = \frac{\sum d_i}{n}, i = 1, 2, \cdots, n \tag{9}$$

式中，n 为观测次数；d_i 为测量值与平均值的偏差，$d_i = x_i - \alpha$。

算术平均误差的缺点是无法表示出各次测量间彼此符合的情况。

3）标准误差

标准误差也称为根误差，计算式为

$$\sigma = \sqrt{\frac{\sum d_i^2}{n}} \tag{10}$$

标准误差对一组测量中的较大误差或较小误差感觉比较灵敏，成为表示精确度的较好方法。

式（10）适用无限次测量的场合。在实际测量中，测量次数是有限的，宜改写为

$$\sigma = \sqrt{\frac{\sum d_i^2}{n-1}} \tag{11}$$

标准误差不是一个具体的误差，σ 的大小只说明在一定条件下等精度测量集合所属的任一次观察值对其算术平均值的分散程度。如果 σ 的值小，说明该测量集合中相应小的误差就占优势，任一次观测值对其算术平均值的分散度就小，测量的可靠性就大。

算术平均误差和标准误差的计算式中第 i 次误差可分别代入绝对误差和相对误差，相对得到的值表示测量集合的绝对误差和相对误差。

上述各种误差表示方法中，不论是比较各种测量的精度还是评定测量结果的质量，均以相对误差和标准误差表示为佳，而在文献中标准误差更常被采用。

（3）仪表的精确度与测量值的误差

1）电工仪表等一些仪表的精确度与测量误差

这些仪表的精确度常采用仪表的最大引用误差和精确度的等级来表示。仪表的最大引用误差的定义为

$$最大引用误差 = \frac{仪表显示值的绝对误差}{该仪表相应挡次量程的绝对值} \times 100\% \tag{12}$$

式中，仪表显示值的绝对误差指在规定的正常情况下，被测参数的测量值与被测参数的标准值之差的绝对值的最大值。对于多挡仪表，不同挡显示值的绝对误差和量程范围均不相同。

式(12)表明，若仪表显示值的绝对误差相同，则量程范围愈大，最大引用误差愈小。

我国电工仪表的精确度等级有 7 种：0.1、0.2、0.5、1.0、1.5、2.5、5.0。如某仪表的精确度等级为 2.5，则说明此仪表的最大引用误差为 2.5%。

在使用仪表时，如何估算某一次测量值的绝对误差和相对误差呢？

设仪表的精确度等级 P 级，其最大引用误差为 10%。设仪表的测量范围为 x_n，仪表的示值为 x_i，则由式(12)得该示值的误差为

$$绝对误差 \ D \leqslant x_n \times P\%$$

$$相对误差 \ E = \frac{D}{x_i} \leqslant \frac{x_n}{x_i} \times P\% \tag{13}$$

式(13)表明：若仪表的精确度等级 P 和测量范围 x_n 已固定，则测量的示值 x_i 愈大，测量的相对误差愈小。

选用仪表时，不能盲目地追求仪表的精确度等级。因为测量的相对误差还与 $\frac{x_n}{x_i}$ 有关，应该兼顾仪表的精确度等级和 $\frac{x_n}{x_i}$ 两者。

2）天平类仪器的精确度和测量误差

这些仪器的精度可用式(14)来表示。

$$仪器的精密度 = \frac{名义分度值}{量程的范围} \tag{14}$$

式中，名义分度值指测量时读数有把握正确的最小分度单位，即每个最小分度所代表的数值。例如 TG-3284 型天平，其名义分度值（感量）为 0.1mg，测量范围为 0～200g，

则其

$$精确度 = \frac{0.1}{(200-0)\times10^3} = 5\times10^{-7}$$

若仪器的精确度已知，也可用式（14）求得其名义分度值。

使用这些仪器时，测量的误差可用式（15）来确定。

$$绝对误差 \leqslant 名义分度值$$

$$相对误差 \leqslant \frac{名义度值}{测量值} \tag{15}$$

3) 测量值的实际误差

由仪表的精确度用上述方法所确定的测量误差，一般总是比测量值的实际误差小得多。这是因为仪器没有调整到理想状态，如不垂直、不水平、零位没有调整好等，会引起误差；仪表的实际工作条件不符合规定的正常工作条件，会引起附加误差；仪器经过长期使用后，零件发生磨损，装配状况发生变化等，也会引起误差；可能存在有操作者的习惯和偏向所引起的误差；仪表所感受的信号实际上可能并不等于待测的信号；仪表电路可能会受到干扰等。

总而言之，影响测量值实际误差大小的因素是很多的。为了获得较准确的测量结果，需要有较好的仪器，也需要有科学的态度和方法以及扎实的理论知识和实践经验。

4. "过失"误差的舍弃

这里加引号的"过失"误差与前面提到真正的过失误差是不同的。在稳定过程中，不受任何人为因素影响，测量出少量过大或过小的数值，随意地舍弃这些"坏值"，以获得实验结果的一致，这是一种错误的做法，"坏值"的舍弃要有理论依据。

如何判断是否属于异常值？最简单的方法是以 3 倍标准误差为依据。

从概率理论可知，大于 3σ（均方根误差）的误差所出现的概率只有 0.3%，故通常把这一数值称为极限误差，即

$$\delta_{极限} = 3\delta \tag{16}$$

如果个别测量的误差超过 3σ，那么就可以认为属于过失误差而将舍弃。重要的是如何从有限的几次观察值中舍弃可疑值的问题，因为测量次数少，概率理论已不适用，而个别失常测量值对算术平均值的影响很大。

有一种简单的判断法，即略去可疑观测值后，计算其余各观测值的平均值 α 及平均误差 δ，然后算出可疑观测值 x_i 与平均值 α 的偏差 d。如果 $d\geqslant4\delta$，则此可疑值可以舍弃，因为这种观测值存在的概率大约只有 $1/1000$。

5. 间接测量中的误差传递

在许多实验和研究中，所得到的结果有时不是用仪器直接测量得到的，而是要把实验现场直接测量值代入一定的理论关系式中，通过计算才能求得所需的结果，即间接测量值。如雷诺数 $Re = \dfrac{du\rho}{\mu}$ 就是间接测量值，由于直接测量值有误差，因而间接测量

值也必然有误差。怎样由直接测量值的误差计算间接测量值的误差呢？这就是误差的传递问题。

误差的传递公式：从数学中知道，当间接测量值（y）与直接值测量值（x_1，x_2，$\cdots$，x_n）有函数关系时，即

$$y = f(x_1, x_2, \cdots, x_n)$$

则其微分式为

$$\mathrm{d}y = \frac{\partial y}{\partial x_1}\mathrm{d}x_1 + \frac{\partial y}{\partial x_2}\mathrm{d}x_2 + \cdots + \frac{\partial y}{\partial x_n}\mathrm{d}x_n \tag{17}$$

$$\frac{\mathrm{d}y}{y} = \frac{1}{f(x_1, x_2, \cdots, x_n)}\left(\frac{\partial y}{\partial x_1}\mathrm{d}x_1 + \frac{\partial y}{\partial x_2}\mathrm{d}x_2 + \cdots + \frac{\partial y}{\partial x_n}\mathrm{d}x_n\right) \tag{18}$$

根据式(17)和式(18)，当直接测量值的误差（Δx_1，Δx_2，$\cdots$，Δx_n）很小，并且考虑到最不利的情况时，应是误差累积和取绝对值，则可求间接测量值的误差 Δy 或 $\Delta y/y$ 为

$$\Delta y = \left|\frac{\partial y}{\partial x_1}\right||\Delta x_1| + \left|\frac{\partial y}{\partial x_2}\right||\Delta x_2| + \cdots + \left|\frac{\partial y}{\partial x_n}\right||\Delta x_n| \tag{19}$$

$$E_r = \frac{\Delta y}{y} = \frac{1}{f(x_1, x_2, \cdots, x_n)}\left(\left|\frac{\partial y}{\partial x_1}\right||\Delta x_1| + \left|\frac{\partial y}{\partial x_2}\right||\Delta x_2| + \cdots + \left|\frac{\partial y}{\partial x_n}\right||\Delta x_n|\right) \tag{20}$$

式(19)、式(20)就是由直接测量误差计算间接测量误差的误差传递公式。对于标准差的传递则有

$$\sigma_y = \sqrt{\left(\frac{\partial y}{\partial x_1}\right)^2 \sigma_{x_1}^2 + \left(\frac{\partial y}{\partial x_2}\right)^2 \sigma_{x_2}^2 + \cdots + \left(\frac{\partial y}{\partial x_n}\right)\sigma_{x_n}^2} \tag{21}$$

式中，σ_{x1}，σ_{x2}，$\cdots$，σ_{xn} 均为直接测量的标准误差；σ_y 为间接测量的标准误差。

式(21)在有关资料中称为"几何合成"或"极限相对误差"。现将计算函数的误差的各种关系式列于附表 1 中。

附表 1　函数式的误差关系表

数学式	误差传递公式	
	最大绝对误差	最大相对误差 $E_r(y)$
$y = x_1 + x_2 + \cdots + x_n$	$\Delta y = \pm(|\Delta x_1| + |\Delta x_2| + \cdots + |\Delta x_n|)$	$E_r(y) = \dfrac{\Delta y}{y}$
$y = x_1 + x_2$	$\Delta y = \pm(|\Delta x_1| + |\Delta x_2|)$	$E_r(y) = \dfrac{\Delta y}{y}$
$y = x_1 x_2$	$\begin{aligned}\Delta y &= \Delta(x_1 x_2)\\ &= \pm(|x_1\Delta x_2| + |x_2\Delta x_1|)\\ \text{或 } \Delta y &= yE_r(y)\end{aligned}$	$\begin{aligned}E_r(y) &= E_r(x_1 x_2) =\\ &\pm\left(\left|\dfrac{\Delta x_1}{x_1}\right| + \left|\dfrac{\Delta x_2}{x_2}\right|\right)\end{aligned}$
$y = x_1 x_2 x_3$	$\begin{aligned}\Delta y = \pm(&|x_1 x_2\Delta x_3| + |x_1 x_3\Delta x_2| +\\ &|x_2 x_3\Delta x_1|)\\ \text{或 } \Delta y = yE_r(y)&\end{aligned}$	$\begin{aligned}E_r(y) =&\\ \pm\left(\left|\dfrac{\Delta x_1}{x_1}\right| + \right.&\left.\left|\dfrac{\Delta x_2}{x_2}\right| + \left|\dfrac{\Delta x_3}{x_3}\right|\right)\end{aligned}$
$y = x^n$	$\begin{aligned}\Delta y &= \pm|nx^{n-1}\Delta x|\\ \text{或 } \Delta y &= yE_r(y)\end{aligned}$	$E_r(y) = \pm n\left|\dfrac{\Delta x}{x}\right|$

数学式	误差传递公式	
	最大绝对误差	最大相对误差 $E_r(y)$
$y = \sqrt[n]{x}$	$\Delta y = \pm \left\| \dfrac{1}{n} x^{\frac{1}{n}-1} \Delta x \right\|$ 或 $\Delta y = y \cdot E_r(y)$	$E_r(y) = \dfrac{\Delta y}{y} = \pm \left(\left\| \dfrac{1}{n} \dfrac{\Delta x}{x} \right\| \right)$
$y = \dfrac{x_1}{x_2}$	$\Delta y = y E_r(y)$	$E_r(y) = \pm \left(\left\| \dfrac{\Delta x_1}{x_1} \right\| + \left\| \dfrac{\Delta x_2}{x_2} \right\| \right)$
$y = cx$	$\Delta y = \Delta(cx) = \pm \left\| c \Delta x \right\|$ 或 $\Delta y = y E_r(y)$	$E_r(y) = \dfrac{\Delta y}{y}$ 或 $E_r(y) = \pm \left\| \dfrac{\Delta x}{x} \right\|$
$y = \lg x = 0.43429 \ln x$	$\Delta y = \pm \left\| (0.43429 \ln x)' \Delta x \right\| = \pm \left\| \dfrac{0.43429}{x} \Delta x \right\|$	$E_r(y) = \dfrac{\Delta y}{y}$

附录 2 实验数据的有效数字与计数法

1. 有效数字

实验数据或根据直接测量值的计算结果，总是以一定位数的数字来表示。究竟取几位数才是有效的呢？是不是小数点后面的数字越多就越准确？或者运算结果保留位数越多就越准确？其实这是错误的想法。因为，第一，数据中小数点的位置不决定准确度，而与所用单位大小有关；第二，与测量仪表的精度有关。一般应记录到仪表最小刻度的十分之一位。例如，某液面计标尺的最小分度为 1mm，则读数可以读到 0.1mm。如液面高为 524.5mm，即前三位是直接读出的，是准确的，最后一位是估计的，是欠准确的或可疑的，称该数据为 4 位有效数字。如液面恰好在 524mm 刻度上，则数据应记作 524.0mm。

2. 有效数字的运算

a. 加减法运算。各不同位数有效数字相加减，其和或差有效数字等于其中位数最少的一个。

b. 乘除法计算。乘积或商的有效数字，其位数与各乘、除数中有效数字最少的相同。注意：π、e、g 等常数有效数字的位数可多可少，根据需要选取。

c. 乘方与开方运算。乘方、开方后的有效数字与其底数相同。

d. 对数运算。对数的有效数字的位数与其真数相同。

e. 在 4 个数以上的平均值计算中，其平均值的有效数字的位数可比各数据中最小有效数字的位数多一位。

f. 所有取自手册上的数据，其有效数字的位数按计算需要选取，但原始数据如有限制，则应服从原始数据。

g. 一般在工程计算中取 3 位有效数字已足够精确，在科学研究中根据需要和仪器的可能，可以取到 4 位有效数字。

3. 科学计数法

在科学研究与工程实际中，为了清楚地表达有效数字或数据的精度，通常将有效数字写出并在第一位数字后加小数点，而数值的数量级由 10 的整数幂来确定，这种以 10 的整数幂来计数的方法称科学计数法。例如，0.0088 应记作 8.8×10^{-3}，88000（有效数字 3 位）记作 8.80×10^{4}。应注意，在科学计数法中，10 的整数幂之前的数字应全部为有效数字。

附录 3　实验结果的表示方法与数据处理

实验数据处理，就是以测量为手段，以研究对象的概念、状态为基础，以数学运算为工具，推断出某量值的真值，并导出某些具有规律性结论的整个过程。因此对实验数据进行处理，可使人们清楚地观察到各变量之间的定量关系，以便进一步分析实验现象，得出规律，指导生产与设计。

数据处理的方法有三种：列表法、图示法和实验数据数学方程表示法。

1. 列表法

将实验数据按自变量和因变量的关系，以一定的顺序列出数据表，即为列表法。列表法有许多优点，如为了不遗漏数据，原始数据记录表会给数据处理带来方便；列出数据使数据易比较；形式紧凑；同一表格内可以表示几个变量间的关系等。列表通常是整理数据的第一步，为标绘曲线图或整理成数学公式打下基础。

（1）实验数据表的分类

实验数据表一般分为两大类：原始数据记录表和整理计算数据表。

原始数据记录表是根据实验的具体内容而设计的，以清楚地记录所有待测数据。该表必须在实验前完成。

整理计算数据表可细分为中间计算结果表（体现出实验过程主要变量的计算结果）、综合结果表（表达实验过程中得出的结论）和误差分析表（表达实验值与参照值或理论值的误差范围）等，实验报告中要用到几个表，应根据具体实验情况而定。

（2）设计实验数据表应注意的事项

a. 表格设计要求简明扼要、一目了然，便于阅读和使用。记录、计算项目要满足实验需要，如原始数据记录表格上方要列出实验装置的几何参数以及常数项。

b. 表头列出物理量的名称、符号和计算单位。符号与计量单位之间用斜线"/"隔开。斜线不能重叠使用。计量单位不宜混在数字之中，造成分辨不清。

c. 注意有效数字位数，即记录的数字应与测量仪表的准确度相匹配，不可过多或过少。

d. 物理量的数值较大或较小时，要用科学计数法表示。以"物理量的符号/$\times 10^{\pm n}$ 计量单位"的形式记入表头。注意：表头中的 $10^{\pm n}$ 与表中的数据应服从下式：

$$物理量的实际值 \times 10^{\pm n} = 表中数据$$

e. 为便于引用。每一个数据表都应在表的上方写明表号和表题（表名）。表号应按出现的顺序编写并在正文中有所交代。同一个表尽量不跨页，必须跨页时，在跨页的表上须注明"续表"。

f. 数据书写要清楚整齐。修改时宜用单线将错误的划掉，将正确的写在下面。各种实验条件及作记录者的姓名可作为"表注"，写在表的下方。

2. 图示法

实验数据图示法就是将整理得到的实验数据或结果标绘成描述因变量和自变量的依从关系的曲线图。该法的优点是直观清晰，便于比较，容易看出数据中的极值点、转折点、周期性、变化率以及其他特性，准确的图形还可以在不知数学表达式的情况下进行微积分运算，因此得到广泛的应用。

实验曲线的标绘是实验数据整理的第二步，在工程实验中正确作图必须遵循如下基本原则，才能得到与实验点位置偏差最小且光滑的曲线图形。

图示法应注意的事项如下。

a. 对于两个变量的系统，习惯上选横轴为自变量，纵轴为因变量。在两轴侧要标明变量名称、符号和单位，尤其是单位，初学者往往因受纯数学的影响而忽略它。

b. 坐标分度要适当，使变量的函数关系表现清楚。

对于直角坐标的原点不一定选为零点，应根据所标绘数据范围而定，其原点应移至比数据中最小者稍小一些的位置为宜，能使图形占满全幅坐标线为原则。

对于对数坐标，坐标轴刻度是按 1，2，…，10 的对数值大小划分的，其分度要遵循对数坐标的规律，当用坐标表示不同大小的数据时，只可将各值乘以 10^n（n 取正、负整数）而不能任意划分。对数坐标的原点不是零。在对数坐标上，1、10、100、1000 之间的实际距离是相同的。因为上述各数相应的对数值为 0、1、2、3，这在线性坐标上的距离相同。

c. 实验数据的标绘。若在同一张坐标纸上同时标绘几组测量值，则各组要用不同符号（如：o，$\triangle$，$\times$ 等）以示区别。若 n 组不同函数同绘在一张坐标纸上，则在曲线上要标明函数关系名称。

d. 图必须有图号和图题（图名），图号应按出现的顺序编写，并在正文中有所交代。必要时还应有图注。

e. 图线应光滑。利用曲线板等工具将各离散点连接成光滑曲线，并使曲线尽可能通过较多的实验点，或者使曲线以外的点尽可能位于曲线附近，并使曲线两侧的点数大致相等。

3. 实验数据数学方程表示法

在实验研究中，除了用表格和图形描述变量间的关系外，还常常把实验数据整理成方程式，以描述过程或现象的自变量和因变量之间的关系，即建立过程的数学模型。其方法是将实验数据绘制成曲线，与已知的函数关系式的典型曲线（线性方程、幂函数方程、指数函数方程、抛物线函数方程、双曲线函数方程等）进行对照选择，然后用图解法或者数值方法确定函数式中的各种常数。所得函数表达式是否能准确地反映实验数据所存在的关系，应通过检验加以确认。运用计算机软件 Origin 将实验数据结果回归为数学方程已成为实验数据处理的主要手段。

（1）数学方程式的选择

数学方程式选择的原则是既要求形式简单，所含常数较少，同时也希望能准确地表达实验数据之间的关系。但要同时满足两个条件往往很难，通常是在保证必要的准确度的前提下，尽可能选择简单的线性关系或者经过适当方法转换成线性关系的形式，使数据处理工作得到简单化。

数学方程式选择的方法：将实验数据标绘在普通坐标纸上，得到一条直线或曲线。如果是直线，则根据初等数学可知，$y=a+bx$，其中 a、b 值可由直线的截距和斜率求得。如果不是直线，也就是说，y 和 x 不是线性关系，则可将实验曲线和典型的函数曲线相对照，选择与实验曲线相似的典型曲线函数，然后用直线化方法处理，最后以所选函数与实验数据的符合程度加以检验。

（2）图解法求公式中的常数

在公式选定后，可用图解法求方程式中的常数。

（3）实验数据的回归分析法

尽管图解法有很多优点，但它的应用范围毕竟很有限。回归分析法这种数学方法可以从大量观测的散点数据中寻找到能反映事物内部的一些统计规律，并可以用数学模型形式表达出来。回归分析法与计算机相结合，已成为确定经验公式最有效的手段之一。

回归也称拟合。对具有相关关系的两个变量，若用一条直线描述，则称一元线性回归，用一条曲线描述，则称一元非线性回归。对具有相关关系的三个变量，其中一个因变量、两个自变量，若用平面描述，则称二元线性回归。用曲面描述，则称二元非线性回归。依次类推，可以延伸到 n 维空间进行回归，则称多元线性回归或多元非线性回归。处理实验问题时，往往将非线性问题转化为线性来处理。建立线性回归方程的最有效方法为线性最小二乘法。

实验数据变量之间的关系具有不确定性，一个变量的每一个值对应的是整个集合值。当 x 改变时，y 的分布也以一定的方式改变。在这种情况下，变量 x 和 y 间的关系就称为相关关系。

在以上求回归方程的计算过程中，并不需要事先假定两个变量之间一定有某种相关关系。就方法本身而论，即使平面图上是一群完全杂乱无章的离散点，也能用最小二乘法给其配一条直线来表示 x 和 y 之间的关系。但显然这是毫无意义的。实际上只有两变量是线性关系时进行线性回归才有意义。因此，必须对回归效果进行检验。

实验数据处理中，也可采用数据处理软件 Origin 进行数据处理、拟合方程及回归效果检验。

附录 4 实验要求及注意事项

1. 实验预习

要满足实验目的中所提出的要求，仅靠实验原理部分是不够的，必须做到以下几点。

a. 认真阅读实验指导书，复习课程教材以及参考书的有关内容，弄清实验的目的和要求。

b. 根据实验的具体任务，研究实验的做法及其理论根据，分析应该测取哪些数据，并估计实验数据的变化规律。

c. 到实验室现场熟悉设备装置的结构和流程。

d. 明确操作程序与所要测定参数的项目，了解相关仪表的类型和使用方法以及参数的调整、实验测试点的分配等。

e. 拟定实验方案，决定先做什么，后做什么，弄清操作条件、设备的启动程序以及如何调整。

2. 实验操作

一般以 2～4 人为一小组合作进行实验，实验前必须做好组织工作，做到既分工又合作，每个组员要各负其责，并且要在适当的时候进行轮换工作，这样既能保证质量，又能获得全面的训练。实验操作注意事项如下。

a. 实验设备的启动操作，应按教材说明的程序逐项进行，设备启动前必须检查皆为正常时，才能合上电闸，使设备运转。

b. 操作过程中设备及仪表有异常情况时，应立即停止并报告指导教师，对问题的处理应了解其全过程，这是分析问题和处理问题的极好机会。

c. 操作过程中应随时观察仪表指示值的变动，确保操作过程在稳定条件下进行。出现不符合规律的现象时应注意观察研究，分析其原因，不要轻易放过。

d. 实验停止前应先将有关气源、水源、电源关闭，然后切断电机电源，并将各阀门恢复至实验前所处的位置（开或关）。

3. 测定、记录和数据处理

（1）确定要测定哪些数据

凡是与实验结果有关或是整理数据时必需的参数都应一一测定。原始数据记录表的设计应在实验前完成。原始数据应包括工作介质性质、操作条件、设备几何尺寸及大气条件等。并不是所有数据都要直接测定，凡是可以根据某一参数推导出或根据某一参数由手册查出的数据，就不必直接测定。例如，水的黏度、密度等物理性质，一般只要测出水温后即可查出，因此不必直接测定水的黏度、密度，而应该改测水的温度。

（2）读数与记录

a. 事先必须拟好记录表格，只负责记某一项数据的，也要列出完整的记录表格，在表格中应记下各项物理量的名称、表示符号及单位。每个学生都应有一个实验记录本，不应随便拿一张纸记录，要保证数据完整、条理清楚，避免出现张冠李戴的错误。

b. 待设备各部分运转正常、操作稳定后才能读取数据，如何判断是否已达到稳定？一般是经两次测定，其读数相同或十分相近，即可判断操作稳定。在变更操作条件后各项参数达到稳定需要一定的时间，因此也要待其稳定后方可读数，否则易造成实验结果无规律甚至反常。

c. 同一操作条件下，不同数据最好是数人同时读取，若操作者同时兼读几个数据，应尽可能动作敏捷。

d. 每次读数都应与其他有关数据及前一点数据对照，看看相互关系是否合理，如不合理应查找原因，是现象反常还是读错了数据，并要在记录上注明。

e. 所记录的数据应是直接读取的原始数值，不要经过运算后记录。例如，秒表读数 1 分 23 秒，应记为 $1'23''$，而不记为 $83''$。

f. 读取数据必须充分利用仪表的精度，读至仪表最小分度的下一位数，这个数应为估计值。如水银温度计最小分度为 0.1℃，若水银柱恰指 22.4℃ 时，应记为 22.40℃。注意过多取估计值的位数是毫无意义的。

遇到有些参数在读数过程中波动较大，首先要设法减小其波动。在波动不能完全消除的情况下，可取波动的最高点与最低点两个数据，然后取平均值；当波动不是很大时，可取一次波动的高低点间的中间值作为估计值。

g. 不要凭主观臆测修改记录数据，也不要随意舍弃数据，对可疑数据，除有明显原因如读错、误记等情况使数据不正常可以舍弃之外，一般应在数据处理时检查处理。

h. 记录完毕要仔细检查一遍，有无漏记或记错之处，特别要注意仪表上的计量单位。实验完毕，须将原始数据记录表格交指导教师检查并签字，认为准确无误后方可结束实验。

（3）实验过程注意事项

a. 进行操作者，必须密切注意仪表指示值的变动，随时调节，务必使整个操作过程都在规定条件下进行，尽量减小实验操作条件和规定操作条件之间的差距。操作人员不要擅离岗位。

b. 读取数据后，应立即与前次数据相比较，也要与其他有关数据相对照，分析相互关系是否合理。如果发现不合理的情况，应立即与小组成员查找原因，明确是自己的知识错误，还是测定的数据有问题，以便及时发现问题，解决问题。

c. 实验过程中，还应注意观察过程现象，特别是发现某些不正常现象时更应抓紧时机，研究产生不正常现象的原因。

（4）数据的整理及处理

a. 原始记录只可进行整理，绝不可以随便修改。经判断确实为过失误差造成的不正确数据，在注明后可以剔除不计入结果。

b. 采用列表法整理数据清晰明了，便于比较，一张正式实验报告一般要有 4 种表格：原始数据记录表、中间运算表、综合结果表和结果误差分析表。中间运算表之后应附有计算示例，以说明各项之间的关系。

c. 运算中尽可能利用常数归纳法，以避免重复计算，减少计算错误。例如，流体阻力实验，计算 Re 和 λ 值，可按以下方法进行。

例如：Re 的计算如式（22）所示。

$$Re = \frac{du\rho}{\mu} \tag{22}$$

式中，d、μ、ρ 在水温不变或变化甚小时可视为常数，合并为 $A = \dfrac{d\rho}{\mu}$，故有式（23）

$$Re = Au \tag{23}$$

A 的值确定后，改变 u 值可算出 Re 值。

d. 实验结果及结论用列表法、图示法或回归分析法来说明都可以，但均须标明实验条件。

4. 编写实验报告

实验报告是实验工作的全面总结和系统概括，是实践环节中不可缺少的一个重要组成部分。

本课程实验报告的内容应包括以下几项。

a. 实验名称，报告人姓名、班级及同组实验人姓名，实验地点，指导教师，实验日期，上述内容作为实验报告的封面。

b. 实验目的和内容。简明扼要地说明为什么要进行本实验，实验要解决什么问题。

c. 实验的理论依据（实验原理）。简要说明实验所依据的基本原理，包括实验涉及的主要概念，实验依据的重要定律、公式及据此推算的重要结果，要求准确、充分。

d. 实验装置流程示意图。简单地画出实验装置流程示意图和测试点、控制点的具体位置及主要设备、仪表的名称。标出设备、仪器仪表及调节阀等的标号，在流程图的下方写出图名及与标号相对应的设备、仪器等的名称。

e. 实验操作要点。根据实际操作程序划分为几个步骤，并在前面加上序数词，以使条理更为清晰。对于操作过程的说明应简单、明了。

f. 注意事项。对于容易引起设备或仪器仪表损坏、容易发生危险以及一些对实验结果影响比较大的操作，应在注意事项中注明，以引起注意。

g. 原始数据记录。记录实验过程中从测量仪表所读取的数值。读数方法要正确，记录数据要准确，要根据仪表的精度决定实验数据的有效数字的位数。

h. 数据处理。数据处理是实验报告的重点内容之一，要求将实验原始数据经过整理、计算、加工成表格或图的形式。表格要易于显示数据的变化规律及各参数的相关性；图要能直观地表达变量间的相互关系。

i. 数据处理计算过程举例。以某一组原始数据为例，把各项计算过程列出，以说明数据整理表中的结果是如何得到的。

j. 实验结果的分析与讨论。实验结果的分析与讨论是作者理论水平的具体体现，也是对实验方法和结果进行的综合分析研究，是工程实验报告的重要内容之一，主要内容包括：

（a）从理论上对实验所得结果进行分析和解释，说明其必然性；

（b）对实验中的异常现象进行分析讨论，说明影响实验的主要因素；

（c）分析误差的大小和原因，指出提高实验结果精确度的途径；

（d）将实验结果与前人和他人的结果对比，说明结果的异同，并解释这种异同；

（e）本实验结果在生产实践中的价值和意义，推广和应用效果的预测等；

（f）由实验结果提出进一步的研究方向或对实验方法及装置提出改进建议等。

k. 实验结论。结论是根据实验结果所作出的最后判断，得出的结论要从实际出发，有理论依据。

l. 参考文献。

实验报告根据各实验要求按传统实验报告格式撰写，实验报告应按规定时间上交[124]。

附录 5　实验室基本知识

1. 实验室规则

a. 实验前应认真预习，明确实验目的和要求，写好预习报告，包括实验的基本原理、内容和方法。

b. 遵守纪律，不迟到，不早退，不得无故缺席。

c. 衣冠不整、穿拖鞋者不准进入实验室。实验中不得到处乱走。

d. 认真听教师讲解，有问题必须先举手再提问。保持实验室安静，不要大声喧哗。

e. 实验时应遵守仪器的操作规则。不准进行任何与实验内容无关的活动。注意安全，爱护仪器，节约药品。

f. 实验过程中要认真操作，仔细观察现象，将实验中的现象和数据如实记录在实验报告上。根据原始记录，认真地分析问题、处理数据，完成实验报告。

g. 实验过程中，应保持实验区域整洁。火柴、纸张和废品只能丢入废物缸内，不能丢入水池，以免堵塞水池。玻璃碎片等应倒入指定缸内。规定回收的废液要倒入废液缸内，以便统一处理。严禁擅自将仪器、药品带出实验室。

h. 每次实验完毕后，值日生负责打扫和整理实验室，关闭水、电、煤气开关，关好门、窗，经教师认可后方可离去。

2. 实验室的安全常识

（1）实验室防火安全

a. 严禁在实验室吸烟。

b. 实验室内的物品要存放有序，易燃易爆物品要远离电源、热源[124]。

c. 使用易燃易爆物质时，应特别小心。不要将大量易燃易爆物质放在桌上，更不应放置在靠近火源处，应放置在阴凉处。

d. 使用煤气灯或酒精喷灯时，要严格按照操作规则点火、灭火，应做到火着人在，人走火灭。

（2）实验室用电安全

a. 不要在一个电源插座上通过接转头连接过多的电器。

b. 实验时，先接好线路，再插电源，实验结束时，必须先切断电源，再拆线路。

c. 在使用电炉等大功率设备的过程中，使用人员不得离开。

d. 人员若较长时间离开房间或电源中断时，要切断电源开关。

e. 当手、脚或身体沾湿或站在潮湿的地上时，切勿启动电源开关。

（3）化学药品安全

1）安全隐患

a. 在某些化学药品的配制、使用过程中如操作不当可能引起爆炸或者液体飞溅。

b. 操作具有腐蚀性的化学药品会损害或损伤皮肤。

c. 易挥发的化学药品或试剂容器封闭不严，会产生有害气体。

2）安全预防

a. 使用化学药品前，应仔细阅读该化学药品的使用说明，充分了解该化学药品的物理和化学性质。

b. 严格遵守操作规程和使用方法，使用化学药品，在实验过程中不得离开。

c. 佩戴合适的个人防护用具。

d. 实验中一旦发生事故，应及时采取相关措施，并及时向老师和相关部门报告。

e. 使用浓酸、浓碱时必须小心操作，防止溅到皮肤或衣服上。加热试管时，要注意试管口不要向着自己或他人。

f. 有刺激性的、恶臭的、有毒的气体产生的实验应在通风橱中进行。

g. 使用有毒试剂时，不要使其接触皮肤或撒落在桌面上。用后应回收统一处理。

h. 绝对不允许随意混合各种化学药品，以免发生意外事故。

（4）有害化学废弃物安全

1）安全隐患[125]

a. 随意倾倒化学废液、乱扔化学废弃物，会对水源和土壤产生污染。

b. 化学废弃物收集处理不当，会对人员造成伤害。

2）安全预防

a. 化学废液装废液桶。

b. 有害废液要随时分类收集，并定点存放。

c. 不得随意排放超剂量废气、废液、废物。实验废弃物要放到指定位置。不得随意丢弃用过的实验药品和容器。

（5）学生实验守则

a. 进入实验室，应着装整洁，保持安静，保持室内卫生。

b. 注意实验安全，严格遵守安全制度以及实验室各项规定。

c. 服从实验室工作人员的指导安排，未经允许不准接通电源。

d. 了解有关仪器设备、安全装置及适用方法。

e. 实验完毕后，清理实验场所，将仪器、药品等排列整齐并归还原处，最后关掉水、电及开关，经教师同意方可离开。

f. 严禁在实验室内饮食或把食物带进实验室，实验后必须仔细洗净双手。

g. 应配备必要的护目镜。实验时要穿实验服。

3. 实验室事故的处理措施

a. 割伤。首先检查伤口内有无玻璃或金属等碎片，先将碎片挑出。然后用硼酸水洗净，并用 3% 的 H_2O_2 溶液消毒，再涂上碘酒或红汞水，必要时可用护创膏或纱布包扎。若伤口较大或过深而大量出血，应迅速在伤口上部和下部扎紧血管止血，并立即到医院诊治。

b. 烫伤。不要用冷水洗涤伤处。可用稀 $KMnO_4$ 或苦味酸溶液冲洗，然后涂上烫伤药膏。严重者须送医院治疗。

c. 强碱、钠、钾等触及皮肤而引起灼伤时，先用大量自来水冲洗，再用饱和硼酸溶液或 2% 乙酸溶液洗。

d. 强酸等触及皮肤而致灼伤时，应立即用大量自来水冲洗，再以饱和碳酸氢钠溶液或稀氨水洗。

e. 溴灼伤。溴灼伤伤口不易愈合，必须严加防范。一旦被溴灼伤，应立即用 20% 硫代硫酸钠溶液冲洗伤口，再用水冲洗，并敷上甘油。

f. 若发生煤气中毒，应转移到室外呼吸新鲜空气，严重时应立即送医院诊治。

g. 触电。立即切断电源，必要时进行人工呼吸，严重者应立即送医院。

h. 实验室灭火方法。实验中一旦发生火灾，应立即灭火，同时防止火势蔓延。常见的灭火方法如下。

（a）一般的小火可用湿布、砂子等覆盖燃烧物。大火可使用泡沫灭火器、二氧化碳灭火器。

（b）汽油、乙醚、甲苯等有机溶剂着火时，绝对不能用水灭火，否则会扩大燃烧面积，应用石棉布或砂土扑灭。

（c）酒精及其他可溶于水的液体着火时，可用水灭火。

（d）活泼金属如钠、钾等着火时，只能用砂土、干粉灭火器灭火。

（e）电器或导线着火时不能用水及二氧化碳灭火器，应立即切断电源或用四氯化碳灭火器。

（f）衣服被烧着时切忌惊慌乱跑，应迅速脱下衣服，或用专用防火布包裹身体，或就地打滚灭火。

4. 实验室"三废"的处理

实验中经常会产生某些有毒的气体、液体和固体，如果直接将其排出可能会污染周围的空气和水源。因此，废气、废液和废渣要经过处理后才能排弃。

(1) 废气的处理方法

产生少量有毒气体的实验应在通风橱中进行，通过排风设备将少量毒气排到室外。如果实验产生大量的有毒气体，必须安装吸收或处理装置。例如，卤化氢、二氧化硫等可用碱液吸收后排放；碱性气体可用酸溶液吸收后排放；一氧化碳可以点燃转化成二氧化碳。

(2) 废渣的处理方法

少量的有毒废渣常深埋于地下指定地点。有回收价值的废渣应该回收利用。

(3) 废液的处理方法

a. 废酸和废碱液。若废液中有沉淀，先过滤，滤液分别加入碱或酸中和至 pH＝6～8 后排出。少量废渣可埋于地下。

b. 废铬酸洗液。可以用高锰酸钾氧化法使其再生，重复使用。先将其加热浓缩，除去水分后冷却至室温，缓缓加入高锰酸钾粉末（每 1000mL 约加入 10g）。边加边搅拌，直至溶液呈深褐色或微紫色，不要过量。加热至出现三氧化硫后，停止加热，稍冷，过滤，除去沉淀。滤液冷却后析出红色三氧化铬沉淀，再加入适量硫酸使其溶解即可使用。对于少量废铬酸洗液，可加入废碱液或石灰使其生成氢氧化铬（Ⅲ）沉淀，然后将此废渣埋于地下。

c. 氰化物废液。氰化物是剧毒物质，含氰废液必须认真处理。对于少量的含氰废液，可先用碱调至 pH＞10，再用高锰酸钾使 CN^- 氧化分解。大量的含氰废液可用碱性氯化法处理。先将废液调至 pH＞10，再加入漂白粉，使 CN^- 氧化成氰酸盐，并进一步分解为二氧化碳和氮气，再将溶液 pH 调到 6～8 后排放。

d. 含汞盐废液。先将 pH 调到 8～10，然后加适当过量的硫化钠生成硫化汞沉淀，并加少量硫酸亚铁生成硫化亚铁沉淀，从而吸附硫化汞沉淀下来。过滤，少量残渣可埋于地下，大量残渣可用焙烧法回收汞。

e. 含重金属离子的废液。最有效和最经济的处理方法是加入碱或硫化钠使重金属离子变成难溶性的氢氧化物或硫化物沉淀，然后过滤分离。少量残渣可埋于地下[125]。

参考文献

[1] 李丽，来小康，慈松．动力电池梯次利用与回收技术［M］．北京：科学出版社，2020：162-165.

[2] 李锦文．耐火材料机械设备［M］．北京：冶金工业出版社，1985：19.

[3] 应德标．超细粉体技术［M］．北京：化学工业出版社，2006：123.

[4] 周朵，王敬平．无机化学实验［M］．北京：化学工业出版社，2010：42-43.

[5] 郑淳之．国家标准试验筛与美国、西德试验筛的对照［J］．化工标准化与质量监督，1986（03）：42-45.

[6] 何焕华．中国镍钴冶金［M］．北京：冶金工业出版社，2000：334-336.

[7] 吴惠霞．无机化学实验［M］．北京：科学出版社，2008：45-46.

[8] 李玉娟，翁月珍．化验工入门［M］．杭州：浙江科学技术出版社，1994.

[9] 北京师范大学《化学实验规范》编写组．化学实验规范［M］．北京：北京师范大学出版社，1987：14.

[10] 吴惠霞．无机化学实验［M］．北京：科学出版社，2008：32-33.

[11] 李舒．电热恒温水浴锅的校准在其验证中的使用［J］．计量与测试技术，2020，47（5）：3.

[12] 张小康．化学分析基本操作［M］．北京：化学工业出版社，2006：79.

[13] 林茵，李想．无机化学辞典［M］．呼和浩特：远方出版社，2006：252.

[14] 张小康．化学分析基本操作［M］．北京：化学工业出版社，2006：81.

[15] 王雅静．物理化学实验［M］．北京：化学工业出版社，2012：38-39.

[16] 高绍康．基础化学实验［M］．北京：化学工业出版社，2013：39.

[17] 李京．DGF720型电热鼓风干燥箱［J］．有色冶金节能，1994（5）：1.

[18] 李运涛．无机及分析化学实验［M］．北京：化学工业出版社，2011：24-25.

[19] 吴惠霞．无机化学实验［M］．北京：科学出版社，2008：31-32.

[20] 郑仕远．化学实验技能训练与图析［M］．成都：四川大学出版社，2010：132.

[21] 马荣骏．萃取冶金［M］．北京：冶金工业出版社，2009：10-11.

[22] 朱屯．萃取与离子交换［M］．北京：冶金工业出版社，2005：9-14.

[23] 王学利，毛燕．有机化学实验［M］．北京：中国水利水电出版社，2010：47.

[24] 王玉枝．化学分析［M］．中国纺织出版社，2008：45-47.

[25] 李洪桂．湿法冶金学［M］．长沙：中南大学出版社，2002：420-424.

[26] 侯慧芬．镍电解精炼阴极沉积物的结构和表面缺陷［J］．上海金属（有色分册），1988，9（5）：1-3.

[27] 翟秀静，肖碧君，李乃军．还原与沉淀［M］．北京：冶金工业出版社，2008：31-33.

[28] 黄礼煌．化学选矿［M］．北京：冶金工业出版社，2012：231-232.

[29] 陈国华，王光信．电化学方法应用［M］．北京：化学工业出版社，2003：2.

[30] 高鹏，朱永明．电化学基础教程［M］．北京：化学工业出版社，2013.

[31] 周仲柏，陈永言．电极过程动力学基础教程［M］．武汉：武汉大学出版社，1989.

[32] 邓元庆，石会，丁伟，等．直流稳压电源的技术指标辨析［J］．工业和信息化教育，2013，（8）：74-77.

[33] 李华民．基础化学实验操作规范［M］．北京：北京师范大学出版社，2010.

[34] 马荣骏．萃取冶金［M］．北京：冶金工业出版社，2009：7-8.

[35] 朱屯．萃取与离子交换［M］．北京：冶金工业出版社，2005：93-94.

[36] 株洲硬质合金厂．硬质合金的生产［M］．北京：冶金工业出版社，1974.

[37] 张阳，满瑞林，王辉，等．用P507萃取分离钴及草酸反萃制备草酸钴［J］．中南大学学报（自然科学版）．2011，42（2）：317-322.

[38] 李正跟．影响氧化钴主成分的因素及其控制［J］．湖南冶金．1994，11（6）：18-20.

[39] 徐彬，张麦贵．管式加热炉安全运行与管理［M］．中国石化出版社，2005.

[40] 钱家麟．管式加热炉［M］．2版．北京：中国石化出版社，2003：6.

[41] 柴树松．铅酸蓄电池制造技术［M］．北京：机械工业出版社，2014：152.

［42］ 刘有智，申红艳．二氧化碳减排工艺与技术：溶剂吸收法［M］．北京：化学工业出版社，2013：205-206.

［43］ 高鹏，朱永明．电化学基础教程［M］．北京：化学工业出版社，2013：10.

［44］ 邓友全．离子液体—性质、制备与应用［M］．北京：中国石化出版社，2006：10.

［45］ 纪顺俊，史达清．现代有机合成新技术［M］．北京：化学工业出版社，2009：53-55.

［46］ 孙国峰，张元勤，张海连，等．有机化学［M］．北京科学出版社，2012：363.

［47］ 普莱彻．电极过程简明教程［M］．北京：化学工业出版社，2013：154-170.

［48］ 吴蔓莉，张崇淼．环境分析化学［M］．北京：清华大学出版社，2013：263.

［49］ 贾铮，戴长松，陈玲．电化学测量方法［M］．北京：化学工业出版社，2006：16.

［50］ 金若水，邵翠琪．无机化学实验［M］．上海：复旦大学出版社，1993：87.

［51］ ［美］阿伦.J.巴德，拉里.R.福克纳．电化学方法原理和应用［M］．邵元华，朱果逸，董献堆，等译．北京：化学工业出版社，2005：67.

［52］ M. JAYAKUMAR, K. A. VENKATESAN, T. G. SRINIVASAN. Electrochemical behavior of fission palladium in 1-butyl-3-methylimidazolium chloride［J］. Electrochimica Acta 2007，52（24）：7121-7127.

［53］ BARD A J，FAULKNER L R. Electrochemical methods：fundamentals and applications［M］. Wilky New York，2，1980.

［54］ CHEN X S，PU G G. Cyclic square-wave voltammetry-theory and experimental［J］. Analytical Letters，1987，20：1511-1519.

［55］ HEPEL T. Theory of cyclic voltammetry for co-adsorption processes［J］. Abstracts of Papers of the American Chemical Society，1984，188：175-179.

［56］ HEINZE J. Theory of cyclic voltammetry at microdisk electrodes［J］. Berichte Der Bunsen-Gesellschaft-Physical Chemistry Chemical Physics，1981，85：1096-1103.

［57］ Xi X，Si G，Nie Z，et al. Electrochemical behavior of tungsten ions from WC scrap dissolution in a chloride melt［J］. Electrochimica Acta，2015，184：233-238.

［58］ OSTERYOUNG J G，OSTERYOUNG R A. Square-wave voltammetry［J］. Analytical Chemistry，1985，57：101-104.

［59］ KANG M H，SONG J X，ZHU H M，et al. Electrochemical behavior of titanium（II）ion in a purified calcium chloride melt［J］. Metallurgical and MaterialsTransactions B-Process Metallurgy and Materials Processing Science，2015，46：162-168.

［60］ LOVRIC M，KOMORSKY-LOVRIC S. Theory of square wave voltammetry of three step electrode reaction［J］. Journal of Electroanalytical Chemistry，2014，735：90-94.

［61］ KOMORSKY-LOVRIC S，LOVRIC M. Theory of square-wave voltammetry of two electron reduction with the intermediate that is stabilized by complexation［J］. Electrochimica Acta，2012，69：60-64.

［62］ BI S P，CHEN J，XING X L，et al. Theory of second-and third-order reciprocal derivative chronopotentiometry for a reversible reaction［J］. Collection Of Czechoslovak Chemical Communications，2000，65：963-970.

［63］ CHOWDHURY N R，KUMAR R，KANT R. Theory for the chronopotentiometry on rough and finite fractal electrode：Generalized Sand equation［J］. Journal of Electroanalytical Chemistry，2017，802：64-77.

［64］ 李铭．NaF-KF 熔盐电解 WC-Co 物理化学过程研究［D］．北京：北京工业大学，2019.

［65］ 中南矿冶学院冶金研究室．氯化冶金［M］．北京：冶金工业出版社，1978.

［66］ JIAN G，YU X，JUNER K，et al. Progress of chlorination roasting of heavy metals in solid waste［J］. Surfaces and Interfaces，2022，19：101744.

［67］ 蒋伟，蒋训雄，汪胜东，等．高钛渣制备人造金红石工艺研究［J］．有色金属（冶炼部分），2012（3）：22-25.

［68］ 刘自力，陈利生．火法冶金：粗金属精炼技术［M］．北京：冶金工业出版社，2010.

［69］ 赵俊学，张丹力，马杰，等．冶金原理［M］．西安：西北工业大学出版社，2002.

［70］ 王德润，张驾，王钟慈．重有色金属冶炼设计手册．锡锑汞贵金属卷［M］．北京：冶金工业出版社，1995.

[71] 孙香. 高锑铋粗铜阳极炉火法精炼工艺设计 [M]. 冶金与能源工程学院, 2015.

[72] 高腾跃. 金属热还原-二次精炼制备高钛铁 [D]. 沈阳: 东北大学, 2012.

[73] 中国冶金百科全书总编辑委员会《有色金属冶金》卷编辑委员会, 冶金工业出版社《中国冶金百科全书》编辑部. 中国冶金百科全书·有色金属冶金 [M]. 北京: 冶金工业出版社, 1999.

[74] SHARMA I G, CHAKRABORTY S P, MAJUMDAR S, et al. A study on preparation of copper-niobium composite by aluminothermic reduction of mixed oxides [J]. Journal of Alloys & Compounds, 2002, 336 (1-2): 247-252.

[75] 杨斌. 真空冶炼法提取金属锂的研究 [M]. 昆明: 云南科技出版社, 1999.

[76] 杨斌. 真空冶炼法提取金属铝的研究 [M]. 昆明: 昆明理工大学, 1998.

[77] 刘红湘. 真空碳热还原氧化镁制取金属镁实验装置的研发及实验研究 [D]. 昆明: 昆明理工大学, 2004.

[78] 车玉思, 买耕鹏, 李少龙, 等. 真空条件下硅热还原 $CaO \cdot MgO$ 冶炼金属镁的动力学机理 [J]. 中国有色金属学报: 英文版, 2020, 30 (10): 11.

[79] 普拉克辛. 取样与试金分析 [M]. 北京: 冶金工业出版社, 1959.

[80] 冶金工业部. 有色金属矿石物相分析及试金分析 [M]. 北京: 冶金工业出版社, 1959.

[81] 吴瑞林, 李茂书, 吴立生. 贵金属试金分析方法评论 [J]. 贵金属, 1997, 18 (1): 5.

[82] 徐洪傲, 张鑫, 余彬, 等. 电子废弃物中金属铜和贵金属火法处理现状 [J]. 中国有色冶金, 2021, 50 (6): 5.

[83] 何焕华, 蔡乔方. 中国镍钴冶金 [M]. 北京: 冶金工业出版社, 2000.

[84] 高绍康. 基础化学实验 [M]. 北京: 化学工业出版社, 2013.

[85] 周朵, 王敬平. 无机化学实验 [M]. 北京: 化学工业出版社, 2010.

[86] 李玉娟, 翁月珍. 化验工入门 [M]. 杭州: 浙江科学技术出版社, 1994.

[87] 贺文智, 李光明, 马兴发, 等. 电子与电器废弃物资源化处理技术 [J]. 环境污染治理技术与设备, 2006 (07): 109-114.

[88] 牛冻结, 马俊伟, 赵由才. 电子废弃物的处理处置与资源化 [M]. 北京: 冶金工业出版社, 2007: 88-89.

[89] 长仓三郎, 武田一美. 图解实验观察大全, 化学 [M]. 北京: 人民教育出版社, 2009.

[90] 陈国昌, 曹渊. 实验化学导论技术与方法 [M]. 重庆: 重庆大学出版社, 2010.

[91] 张小康. 化学分析基本操作 [M]. 北京: 化学工业出版社, 2006.

[92] 冷红光, 韩百岁, 杨孟月. 黄铜矿浸出研究进展 [J]. 湿法冶金, 2021, 40 (5): 6.

[93] 林茵, 李想. 无机化学辞典 [M]. 呼和浩特: 远方出版社, 2006.

[94] 王雅静. 物理化学实验 [M]. 北京: 化学工业出版社, 2012.

[95] 邹学贤. 分析化学 [M]. 北京: 人民卫生出版社, 2006.

[96] 李运涛. 无机及分析化学实验 [M]. 北京: 化学工业出版社, 2011.

[97] 曹立新, 石金声, 石磊. 电镀溶液与镀层性能测试 [M]. 北京: 化学工业出版社, 2011.

[98] 屠海令, 赵国权, 郭青蔚. 有色金属冶金、材料、再生与环保 [M]. 北京: 化学工业出版社, 2002: 128-129.

[99] 聂祚仁, 席晓丽. 废弃有色金属再生技术 [M]. 北京: 科学出版社, 2016: 53-57.

[100] 李晶莹, 黄璐. 石硫合剂法浸取废旧线路板中金的实验研究 [J]. 黄金, 2009, 30 (10): 48-49.

[101] 张兴仁. 氰化法提金工艺的现状与发展 [J]. 国外黄金参考, 1999, (5): 21-29.

[102] Brooya S R, Lingea H G, Walkera G S. Review of gold extraction from ore [J]. Minerals Engineering, 1994, 7 (10): 1213-1241.

[103] Yannaponlus J C. The extractive metallurgy of gold [M]. New York: Van Nonstrand Reinhold, 1991: 123-160.

[104] 王艳丽, 黄英. 硫脲提金技术发展现状 [J]. 湿法冶金, 2005, 24 (1): 2.

[105] 杨大锦, 廖元双, 徐亚飞, 等. 硫脲从含金黄铁矿中浸金实验研究 [J]. 黄金, 2002, 23 (10): 28-30.

[106] 鲁志祥, 王英滨, 陈力平. 硫脲浸金的现状和发展前景 [J]. 黄金, 2003, 24 (7): 34-38.

［107］ 彭会清，胡明振. 含金硫化矿硫代硫酸盐浸金试验研究［J］. 现代矿业，2009，(2)：67-70.

［108］ 段玲玲，胡显智. 硫代硫酸盐浸金研究进展［J］. 湿法冶金，2007，26 (2)：63-66.

［109］ 朱喆，李登新，钟非文，等. 硫代硫酸盐从废旧印刷线路板中浸金实验研究［J］. 矿冶工程，2006，26 (5)：50-52.

［110］ Wan R Y，Levier K M. Solution chemistry factors for gold thiosulfate heap leaching［J］. International journal of Mineral Proeessing，2003，72 (l-4)：311-322.

［111］ 卢辉畴. 锌粉置换法从含高铜、铅、锌贵液中回收金的研究及生产实践［J］. 黄金，2004，25 (4)：36-38.

［112］ M·巴格哈尔哈. 用氯化物/次氯酸盐浸出氧化金矿石［J］. 国外金属矿选矿，2008，(1)：35-39.

［113］ 黎铉海，粟海锋，黄祖强，等. 次氯酸钠一步法浸金的原理与实验研究［J］. 化工矿物与加工，2008，(1)：15-18.

［114］ 马德俘，苏瑜，薛仲华. 次氯酸钠水溶液分解动力学的研究［J］. 上海工程技术大学学报，2002，16 (1)：8-10.

［115］ 刘建华，陈赛军. 溴化法浸取硫化矿中的金［J］. 化工时刊，2003，17 (4)：38-39.

［116］ Wang Z K，Chen D H，Chen L. Thermodynamic analysis for gold leaching with iodide［J］. Chinese Journal of Rare Metals，2006，30 (2)：193-196.

［117］ Arima H，Fujita T，Yen W T. Gold cementation from ammonium thiosulfate solution by zinc，copper and aluminium powders［J］. Materials Transactions，2002，43 (3)：485-493.

［118］ Zhang H，Ritchie I M，La Brooy S R. The adsorption of gold thiourea complex onto activated carbon［J］. Hydrometallurgy，2004，72 (3-4)：291-301.

［119］ 张俊艳，陆书玉，李登新. 丙二酸二乙酯萃取电子废弃物中的金［J］. 黄金，2006，27 (5)：45-47.

［120］ 余建民. 贵金属萃取化学［M］. 北京：化学工业出版社，2010：85-86.

［121］ Zhang H G，Dreisinger D B. The recovery of gold from ammoniacal thiosulfate solutions containing copper using ion exchange resin columns［J］. Hydrometallurgy，2004，72 (3-4)：225-234.

［122］ 童祐嵩. 颗粒粒度与比表面测量原理［M］. 上海：上海科学技术文献出版社，1989：120-125.

［123］ 李洪桂. 湿法冶金学［M］. 长沙：中南大学出版社，2002.

［124］ 陈杰. 无机材料科学与工程基础实验［M］. 西安：西北工业大学出版社，2010.

［125］ 吴惠霞. 无机化学实验［M］. 北京：科学出版社，2008.